中国人民警察大学学术著作专项经费资助

电缆隧道消防安全技术

雷 蕾 编著

中国建筑工业出版社

图书在版编目（CIP）数据

电缆隧道消防安全技术 / 雷蕾编著 . --北京：中
国建筑工业出版社，2024.10. — ISBN 978-7-112
-30486-8

Ⅰ. TM757；TU998.1

中国国家版本馆 CIP 数据核字第 2024N7N984 号

责任编辑：张　磊
文字编辑：张建文
责任校对：赵　力

电缆隧道消防安全技术

雷　蕾　编著

*

中国建筑工业出版社出版、发行（北京海淀三里河路9号）

各地新华书店、建筑书店经销

北京龙达新润科技有限公司制版

建工社（河北）印刷有限公司印刷

*

开本：787毫米×1092毫米　1/16　印张：13　字数：320千字

2024年9月第一版　　2024年9月第一次印刷

定价：**68.00**元

ISBN 978-7-112-30486-8

（43739）

前　言

在城市的壮丽画卷中，电缆隧道宛如血脉般纵横交错，默默地承载着电力与信息的传输，为城市的繁荣发展与稳定运作提供不可或缺的动力源泉，所以，电缆隧道的消防安全至关重要，任何疏忽都可能引发难以预料的灾难性后果。

电缆隧道消防不仅是一门技术科学，更是一门需要不断探索与实践的精湛技艺。在电缆隧道的建设与管理过程中，消防安全涉及多个环节、多个领域，既是工程技术人员的专业职责，也是城市管理者必须高度重视的关键议题。然而，在实际工程中，由于电缆隧道环境的特殊性、火灾成因的复杂性以及防控手段的局限性，消防安全仍面临着诸多严峻挑战。

基于此，怀着对电缆隧道消防安全的深切忧虑与责任，精心编写了这本《电缆隧道消防安全技术》。本书旨在全面剖析电缆隧道火灾的成因与特点，揭示其潜在的危害与风险，并为广大读者提供一系列切实有效的防火策略与措施。

在内容编写方面，力求做到科学严谨、系统全面。全书以电缆隧道消防安全为核心议题，从基础理论到实际应用，从技术标准到法律法规，进行了深入剖析与阐述。同时，还结合国内外最新的消防技术与实践案例，对电缆隧道消防的各个环节进行了全面梳理与总结。本书分为七章，分别为："第 1 章　绪论""第 2 章　电缆隧道基本知识""第 3 章　电缆隧道火灾成因与蔓延机理""第 4 章　防火封堵、防火槽盒与防火包带的使用""第 5 章　火灾探测报警系统的应用""第 6 章　自动消防设施的设置""第 7 章　电缆隧道火灾应急预案的制定"。此外，为了便于读者更好地理解和应用所学知识，本书还采用了大量直观、生动的图表，数据和实例进行说明。这些呈现方式不仅有助于读者快速掌握电缆隧道消防的核心知识，还能激发其深入思考和实践的热情。部分数据和成果来源于"Steiner 水平隧道炉内典型可燃物燃烧时温度场分布规律研究"项目、"综合管廊安全技术研究及北京城市副中心应用示范"项目、"雄安新区地下综合管廊规划设计、绿色建造及安全运维关键技术研究"项目、"综合管廊火灾防控技术研究及应用"项目和"城市地下综合管廊火灾蔓延规律及防控关键技术研究"项目。本书受到了"中国人民警察大学学术著作专项经费"的资助。

展望未来，电缆隧道消防安全领域将继续保持发展与创新的态势。我们将密切关注行业动态和技术进展，及时更新和完善本书的内容，以满足不断变化的电缆隧道消防安全需求。同时，也期待与广大读者、专家和同行们进行深入的交流与合作，共同推动电缆隧道消防安全事业的蓬勃发展。

让我们携手共进，为电缆隧道的安全运行保驾护航，为城市的繁荣与稳定贡献我们的智慧和力量。

目　录

第1章 绪 论

1.1 电缆隧道的重要性及其在现代社会中的应用

电缆隧道在现代社会中有着广泛的应用。首先，电缆隧道被广泛应用于城市的电力输送系统，通过电缆隧道，可以将电缆线路安全地传输到各个城市区域，确保城市的电力供应稳定可靠。其次，电缆隧道也被用于通信系统，包括电话、互联网和电视信号的传输。电缆隧道可以保护通信线路免受外部干扰，提高通信系统的可靠性和稳定性。此外，电缆隧道还被应用于数据中心和云计算中心，用于传输大量数据和信息。而且将电缆线路埋设在地下电缆隧道内，可以使得相关电力设备的安装更加便利，并且减少城市电线杆和电缆拉线造成的视觉污染，同时保护线路不受人为及表面自然因素冲击影响，在满足正常供电情况下，美化城市环境，提高居民生活质量。总的来说，电缆隧道在现代社会中扮演着连接城市基础设施、保障电力供应和通信传输的重要角色。

随着我国社会经济的迅速发展，电能的供应和输送量越来越大，电缆隧道的建设规模也越来越大。电缆在国民经济中的地位日趋重要，特别是在电能输送、信息传递和电气设备制造等领域，已经成为不可或缺的基础性产品。与此同时，因电线短路、过负荷及电气设备故障等原因引起电缆火灾的发生也呈逐步上升的趋势，在造成重大经济损失的同时，还严重威胁着人民的生命安全。电缆系统中的电缆较为集中（如电缆隧道、电缆夹层、电缆桥架等），其内部电力电缆、通信电缆、控制电缆等四通八达，且空间结构密闭、狭长、危险性高，一旦发生火灾，轻者会导致机电设备的损坏，重者则会使整个电站陷于瘫痪并严重冲击其所供电网，后果不堪设想。由于在电缆隧道中，电缆采用密集敷设的方式，一旦发生火灾，火势凶猛，蔓延迅速，且燃烧产生大量氯化氢毒气，火灾的扑救难度非常大。火灾的发生不仅会造成大量电缆和相关设备的损坏，而且修复时间较长，极有可能导致城市大面积停电。由于电缆隧道在现代城市中承担着电能输送的重要作用，虽然电缆隧道火灾不会造成大量的人员伤亡，但是会对人们日常生活产生严重影响，还会阻碍工业企业的正常运转，造成重大财产损失。所以，开展电缆隧道火灾温度特性分析及工程应用研究，对于加强电缆隧道火灾的预防、控制，完善电缆隧道火灾防控措施，发展电缆系统的防火保护技术、预防及控制电气火灾非常重要。

1.2 电缆隧道火灾的潜在风险及其对公共安全的影响

1.2.1 电缆隧道火灾引发原因

电缆隧道火灾引发原因一般可以分为内部原因和外部原因两种，其中由于内部原因引发的火灾更为常见。

电缆由于内部原因起火有以下几种情况：

（1）电缆自身发生接地或断路故障时，继电保护未发生动作，引起电缆过电流而发热自燃。

（2）电缆连接部位接触不良，导致电流增大，局部过热而自燃。

（3）防火措施不当，电线电缆受潮或被水浸渍，导致绝缘电阻下降，引发接地或短路事故。

（4）电线电缆的绝缘保护层逐渐老化，使得电缆的过载能力差，自燃点降低，容易造成自燃起火。

外部原因起火有以下几种情况：

（1）在施工中，焊接火花四处飞溅引燃电缆的绝缘层而起火。

（2）在施工中，电缆受到机械性损伤形成气隙，导致投入运行后局部放电，故障电弧使其产生裂缝，发生接地短路，引发火灾。

（3）未做好防火封堵，油开关处漏油，致使电缆隧道内存油而引发火灾。

（4）建筑物内通向其他部位的管沟未用防火封堵材料进行封堵，导致外部火焰入侵电缆隧道内部，造成电缆延燃，扩大火灾事故。

（5）开关选择不当或质量低劣，其故障导致母线短路而引起电缆起火。

（6）电缆隧道内部未进行分层敷设，通风不畅，容易引发火灾。

（7）老鼠咬破电缆护套的绝缘层而引起电缆短路，从而引发火灾。

1.2.2 电缆隧道火灾危害性

电缆隧道空间狭长且较为封闭，其内部敷设大量电缆，电缆被引燃后火焰沿着水平延伸方向蔓延迅速，火势猛烈；电缆隧道发生火灾时烟气浓度高、能见度低，温度最高能达到1000℃以上，且有机材料燃烧时还会产生大量有毒气体；电缆隧道与地面相连的竖向通道较少，且隧道内狭窄，导致灭火救援人员难以顺利到达着火部位灭火，火灾扑救难度非常大；隧道内设置的多为高压电缆，火灾发生后绝缘层烧毁，如果没有将全部线路电源切断，一旦有人进入隧道有可能发生触电事故；隧道内不仅敷设高压电缆，还有控制线路及其他线路设备，火灾不仅会烧毁电缆，其他线路设备也会遭到破坏，修复工作十分困难。

电缆隧道负担着大型工程项目和城市的电能供应，一旦发生火灾，修复工作困难，恢复周期长，极易造成大面积停电，甚至关系到城市电网能否平稳运行。另外，电缆隧道在城市中心区内的建设规模越来越大，火灾事故发生后，如果防火分隔措施不到位，还可能会危及其他舱室的安全，甚至给城市安全带来威胁。

在民用建筑中，电缆一般集中敷设于电缆竖井或电缆夹层中。而在大型企业（如石油化工企业、水电站、火电站等）及大型城市建筑群中，电缆一般集中敷设于电缆系统中，且由于阻燃、耐火电缆的绝缘层及护套材料中含有大量有机聚合物，在燃烧时会产生大量热量及有毒有害物质，因此一旦发生火灾，火势必将迅速扩大并产生一系列连锁反应，造成严重财产损失及重大人员伤亡。

危害性主要有如下几点：

（1）火情不易发现。电缆隧道内部通常没有人员进出，只有值班管理人员定期对其进行维护及巡视，因此其内部一旦发生火灾，不易被人察觉。

（2）蔓延迅速，火势猛烈。电缆隧道内部空间相互贯通，且集中敷设大量电缆，一旦发生火灾，火势沿电缆水平敷设方向或桥架竖向蔓延，形成多层次立体式火灾。

（3）火场温度高。空间环境相对封闭，火灾发生时通风系统自动关闭，热量不易散失。一般电缆隧道托架的层间距为200～250mm，且不少于5层，上层托架正好处在起火点的高温区间（150～350mm），因此上层电缆极易被引燃。

（4）火场烟气、毒气浓度高。阻燃、耐火电缆绝缘层及护套材料中含有大量有机聚合物。这些有机物在燃烧过程中释放大量有毒、有害烟气，造成消防人员呼吸困难。

（5）易扩大事故范围。电缆隧道内敷设大量电力电缆、控制电缆，发生火灾时不仅会导致供电中断，而且控制回路甚至会发生失灵，使主机设备损坏，扩大事故影响范围。且剧烈的电气火灾，使得电缆隧道内以及邻近的变配电建筑物的墙面上，附着大量导电性石墨和金属微粒，恢复工作艰难而漫长。

（6）通道狭窄，不易进行内攻。电缆隧道空间狭小，内部两侧对称布置电缆桥架，中间的人行通道宽度较窄。火灾发生后，救援人员会受到来自剧毒烟雾以及金属粉尘的伤害。

（7）出入口少，不能迅速到达着火点。电缆隧道内部的安全孔通常间隔设置，若火灾发生在两个安全口的中段，导致消防人员难以及时到达着火部位，耽误火灾扑救工作。

（8）火场通信指挥不便。电缆廊道的空间结构屏蔽了灭火指挥通信器材的通信信号，使其不能进行通信联络，降低了灭火效率。

（9）电缆隧道内部有触电危险。高压电缆密集敷设在电缆隧道内部，电缆在断电后仍留有残余电压，致使灭火救援人员随时可能发生触电危险。

（10）修复后的电缆隧道安全隐患严重。在修复过程中，需增加大量中间接头，增加火灾隐患。

第2章 电缆隧道基本知识

2.1 电缆隧道的定义、分类及其结构特点

2.1.1 电缆隧道的定义及分类

电缆隧道是用于铺设电力电缆的地下通道，能够为电能输送提供强有力的支持与保护。电缆隧道主要应用于大型工程项目和城市电缆隧道当中，可根据设置场所将其分为两类。

（1）大型工程项目电缆隧道

火电站、水电站、核电站、钢铁和煤矿企业等大型工程项目，具有用电量较大、对电能输送要求较高的特点，需要敷设的电缆数量众多，并且对电缆的质量和隧道内的防火措施要求较高。因此，在这些工程项目中建设地下电缆隧道，可以实现电缆的集中敷设和统一规划，便于工作人员维护和管理，另外还可以采取集中的防火灭火措施，减少火灾隐患。

大型工程项目中的电缆隧道通常是在厂区内单独建设，满足厂区电力输送需求。由于其使用范围仅限于该工程本身，所以通常能达到几百米，最长能达到上千米。

（2）城市综合管廊电缆隧道

城市综合管廊电缆隧道是指容纳两种及两种以上市政管线的地下构筑物及其附属设施，属于重要的城市基础设施。它可以将给水、排水、天然气、热力、电力、通信、垃圾等市政管线综合布设在同一地下沟道断面内，在一定范围内分别设置人员出入口、吊装口、分支口、通风口，高效合理地利用了地下空间。其中根据容纳物不同，划分为多个区域，包括水舱、垃圾舱、通信舱、电缆舱、燃气舱等，集合程度非常高，结构十分复杂。综合管廊电力舱一般容纳 110kV 及以上高压输电线路，输送容量巨大，并且承担着市政电力输送的重任，一旦发生火灾，极有可能导致城市大规模停电，造成难以估量的经济损失。

城市综合管廊根据城市发展和需求状况，一般能达到十几千米长，与大型工程项目中的电缆相比，其电缆舱长度更长，电缆数量更多，输送容量更大，电压更高。并且由于城市综合管廊电缆舱与不同舱室综合布设，其结构更为复杂，火灾危险性更大。

2.1.2 电缆隧道结构

从产品的使用角度，可将电缆分为裸导线、绕组线、电力电缆、通信电缆、电气装备等五大类。其中电力电缆主要用于传输和分配大功率电能，通常成束集中敷设于城市综合管

廊、大型工矿企业的电缆廊道内。通信电缆主要用于传输数据和信息，包括市内通信电缆、长途对称电缆和同轴通信电缆等，常敷设于电缆廊道、电缆竖井、吊顶及楼板夹层中。

（1）电力电缆隧道

电力电缆隧道是用混凝土浇筑，专门用于铺设电力电缆的通道。根据现行行业标准《电力电缆隧道设计规程》DL/T 5484，通常在核电站、水电站、火电站、中型以上煤矿等大型工程项目中设置电力电缆隧道。这些大型工程项目用电量大、内部电缆敷设量大、对电缆的质量及防火保护措施要求高。因此，建设电力电缆隧道既能够充分利用空间，又能对所敷设的电力电缆进行统筹规划，集中采取防火保护措施，方便人员管理和维护。根据不同施工工法，土建施工单位可采用如图1-1和图1-2所示两种电力电缆隧道断面。

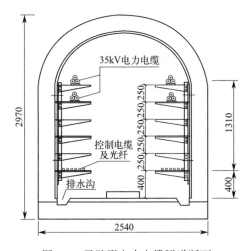

图1-1　马蹄形电力电缆隧道断面

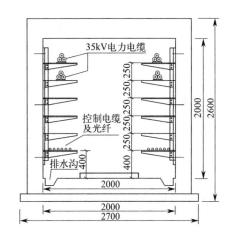

图1-2　矩形电力电缆隧道断面

（2）通信电缆隧道

随着现代通信网络的快速发展，大量低压微机用通信电缆、网络线被大量引入办公建筑或者家庭住房中，并安装在通信电缆隧道（即电缆夹层）内部，不仅节省空间，也不影响原有空间的使用功能。电缆夹层结构如图1-3所示。

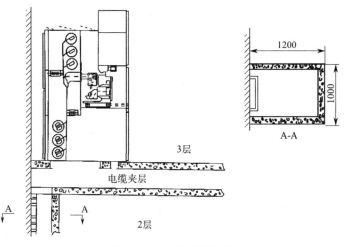

图1-3　电缆夹层结构图

UL 对电缆夹层作出明确的定义，即设置在夹层中的通信电缆必须通过现行美国防火协会标准《电线电缆的火灾和烟气特性试验方法》NFPA 262 中要求的 Steiner 水平隧道炉试验。要求在环境空气空间中电缆火焰蔓延长度和烟气浓度必须达到规定限度才能被称为"夹层"级。

2.2 电缆隧道的设计与建设标准

目前，有关电缆隧道消防安全技术要求的国家现行标准主要有《电力工程电缆设计标准》GB 50217、《电力电缆隧道设计规程》DL/T 5484、《火力发电厂与变电站设计防火标准》GB 50229、《钢铁冶金企业设计防火标准》GB 50414、《城市综合管廊工程技术规范》GB 50838、《火灾自动报警系统设计规范》GB 50116、《细水雾灭火系统技术规范》GB 50898 等。电缆隧道工程中采取的消防措施主要有防火分隔、火灾探测报警装置、自动灭火系统、通风及排烟装置等。

2.2.1 防火分隔

电缆隧道的内部结构设计需要满足规划、施工、防火等要求，保证结构具有一定的耐久性。为了防止火灾蔓延发展，采用防火分隔措施将长距离的电缆隧道分隔为不同的防火分区。隧道内电缆的布置还需要考虑散热、防火以及方便人员维修等。

（1）电缆隧道内部结构与电缆托架

电缆隧道内部结构耐火等级为一级，电缆敷设分为单侧敷设和双侧敷设，电缆隧道高度、宽度设置要满足电缆敷设施工及人员维护施工所需空间。电缆托架层间距对于电缆日常散热、火灾时竖向蔓延速度等都会产生较大影响。不同电缆电压级和类型所对应的电缆托架层间距的最小值，如表 1-1 所示。

不同电缆电压级和类型所对应的电缆托架层间距离的最小值　　　　　表 1-1

电缆电压级和类型	电缆托架(mm)
6kV 及以下	150
6～10kV 交联聚乙烯	200
35kV 单芯	250
110～220kV，每层 1 根以上	300
330kV、500kV	350

（2）电缆隧道内部防火分隔

电缆隧道内按照一定距离设置防火分隔，能够有效阻止火灾蔓延扩大，将影响范围控制在一定区域内，可采取的主要措施有防火墙、防火门和防火隔板等。

目前根据电缆隧道的设置场所不同，对防火分区距离要求有所差异。当电缆隧道位于电厂、变电站内时，防火分区要求小于 100m；位于其外时，防火分区要求小于 200m；钢铁冶金企业中的电缆隧道，防火分区要求在 70～100m 之间。防火分区之间应设置防火墙和防火门，并且发生火灾时应能够联动关闭防火门。使用防火隔板来分隔电缆敷设时出现的重叠或交叉区域。

2.2.2　火灾探测报警装置

电缆隧道距离较长，非检修施工时没有人员进入，火灾初期阶段很难被察觉，为了能够及时探测到火情防止蔓延成灾，设置火灾探测报警装置是十分必要的。根据现行国家标准《城市综合管廊工程技术规范》GB 50838，在敷设电力电缆的舱室中均应设置火灾探测报警装置。

（1）探测器选型：①全线设置火灾探测报警装置；②隧道外极易出现异常发热的重点部位应设置电气火灾监控探测器；③隧道内应在电缆的上表面敷设线型感温火灾探测器，有外部火源进入可能的电缆隧道还应同时在隧道顶部中央设置；④隧道内应设置手动报警按钮和防火门监控系统。

（2）探测器设置要求：①线型感温火灾探测器应采用接触式的敷设方式，缆式线型感温火灾探测器应采用"S"形敷设，光纤式火灾探测器应采用一根感温光缆保护一根动力电缆的方式敷设；②隧道内的线型感温探测器可接入电气火灾监控器。

2.2.3　自动灭火系统

由于电缆隧道环境狭长封闭，灭火救援人员难以接近着火点，且电缆燃烧产生大量烟气造成隧道内能见度较低，常规的消防扑救十分困难。因此自动灭火系统对于扑救电缆隧道早期火灾、控制火灾蔓延、减小火灾损失能够发挥十分关键的作用。

现行规范要求，敷设电力电缆隧道或舱室宜设置自动灭火系统，当收到两个独立火灾信号的"与"逻辑组合后，应能联动开启自动灭火系统。但是规范未对系统的选型和参数设置作出具体、明确的规定。

目前不同电缆隧道工程中使用的自动灭火系统种类众多，其中主要包括超细干粉灭火系统、气体灭火系统、水喷雾灭火系统、细水雾等灭火系统，分析四种类型灭火系统的优缺点，如表 1-2 所示。通过对比，可以比较清晰地了解到，气体灭火系统由于需要形成密闭空间，故在长距离的电缆隧道中不适用；水喷雾灭火系统用水量、排水量均较大，造成水渍损失过大，也不适用于电缆隧道；超细干粉灭火系统和细水雾灭火系统，电气绝缘性都非常好，超细干粉灭火系统具有系统布置简单、工程造价低的优点，而细水雾灭火系统具有可长期重复使用和事故后处理简单、没有水渍损失的优点，所以根据实际工程特点可以发现，这两种灭火系统应用于电缆隧道是较为适宜的。

目前细水雾灭火系统按照现行国家标准《细水雾灭火系统技术规范》GB 50898 的相关规定设置，规范要求系统设置参数宜经过实体火灾试验确定，或者满足最小喷雾强度和喷头设置要求，应用于电缆隧道中的最小喷雾强度一般为 $2L/(min \cdot m^2)$。超细干粉灭火系统目前还没有统一的国家标准，参照地方标准，应根据灭火系统具体设置情况计算得出干粉用量和喷射强度。

电缆隧道自动灭火系统对比　　　　　　　　　　　　　　　　表 1-2

系统名称	超细干粉灭火系统	气体灭火系统	水喷雾灭火系统	细水雾灭火系统
扑灭遮挡火的能力	好	好	一般	好
降温效果	差	差	一般	好

系统名称	超细干粉灭火系统	气体灭火系统	水喷雾灭火系统	细水雾灭火系统
除烟效果	差	差	一般	好
电气绝缘性	好	好	差	好
事故后处理	需要清洁	通风即可	需要排水	通风干燥即可
系统使用寿命	一次性,使用后需重新更换	一次性,使用后需重新更换	可长期重复使用	可长期重复使用
系统布置	简单	较难,需要形成密闭空间	较难,需要设置管道和水箱	困难,需要设置管道、泵组和水箱等
工程造价	一般	一般	一般	较高

2.2.4　通风及排烟装置

电缆隧道内容纳电缆众多,在日常工作状态下电缆会产生一定的热量,如果散热条件不佳,热量逐渐积累,隧道内气温升高导致电缆绝缘层老化速度加快,当绝缘层发生失效后则可能会引发电缆工作异常,进而导致火灾的发生。

电缆隧道内常用的通风方式包括自然通风或机械通风两种,通风方式的选择是根据通风量及通风区域的长短等因素确定。电缆隧道通风系统应同时满足排热、巡视、换气及事故后排烟四种工况的要求,其中排热工况通风量需要能够排出综合余热维持隧道内温度不超过 40℃,并且要求进、排风之间的温度差不超过 10℃,其余工况一般按规定的换气次数来计算风量。风机需要同时满足以上四种工况风量和风压要求,且还需满足隧道内风速小于 5m/s,防火门处的风速不宜大于 7m/s。当火灾报警控制器收到两个独立的火灾信号后,应能联动关闭通风排烟系统,当火灾完全扑灭后可由工作人员手动开启事故排烟系统。

第3章 电缆隧道火灾成因与蔓延机理

3.1 火灾在电缆隧道中的蔓延过程及影响因素

3.1.1 火灾发展过程

电缆隧道位于地下狭长受限空间，狭长受限空间内发生的火灾，与一般的建筑火灾发展过程具有一定的相似性。当火灾发展至充分发展阶段，隧道内所有可燃物同时发生燃烧，隧道内温度将会达到 1000℃ 以上，会严重损坏整个隧道结构和设备，所以为了预防和控制电缆隧道火灾，减小火灾损失，需要在火灾初期增长阶段采取有效措施。

电缆隧道火灾大多数情况下是由电缆自身故障引起。在电缆的故障状态下，隧道内热量无法正常排出，发热电缆附近温度不断升高，引起电缆绝缘层及护套材料的熔化热解。当绝缘层及护套材料失效，则极有可能会发生短路，产生的电弧或电火花能量极高会立即引燃电缆产生明火。当出现明火后，电缆隧道火灾的发展过程如图 3-1 所示。当出现明火后，被引燃电缆上方会形成火羽流，周围空气由于浮力作用会被不断卷吸入火羽流中，火羽流在不断上升的过程中，由于周围冷空气的混入，温度会不断降低，当到达隧道顶部时，会被顶棚所阻挡，发生顶棚射流现象。火焰会沿纵向电缆敷设方向蔓延，沿竖向相邻托架层电缆蔓延，形成立体蔓延态势。热烟气在顶棚处聚集并开始水平蔓延，如果电缆隧道各通风口和防火门未能有效关闭，热烟气则会继续向相邻防火分区继续蔓延，使得火灾进一步蔓延扩大。

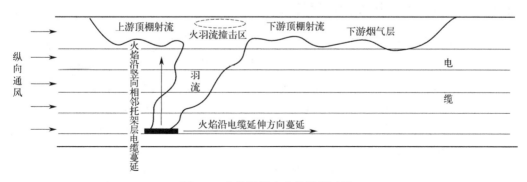

图 3-1 电缆隧道火灾的发展过程

3.1.2 火灾影响因素

电缆隧道火灾受空间结构、可燃物、火源规模以及纵向风速影响。

（1）在空间结构上，电缆隧道纵向温度分布特性：沿纵向温度呈先升高后降低的趋势，且下降的趋势逐渐变缓。电缆隧道横截面温度分布特性：除火源所在断面外，温度由隧道中央向两侧降低，随着距离火源越来越远，横截面上各点温度趋于均匀。

（2）可燃物作为燃烧的三要素之一，其材料特性、燃烧特性、布置形式等都会对火灾发展产生影响。电气管廊内布置的可燃物主要是电缆，根据电缆的燃烧特性，可分为阻燃电缆、耐火电缆及绝缘电缆。电缆的材料特性及燃烧特性对于火灾的发展影响较大，电缆的充满度及布置方式也会影响火势的发展。阻燃电缆可以有效减缓火势的蔓延。

（3）电缆隧道的火灾原因主要可分为外部和内部，不同原因引起的火灾，火源的大小不同，在火灾初期的温度变化也有所不同。随着火灾发展阶段不同，温度场变化规律也有较大差异，前期温度变化速度和影响范围都较小，而出现明火后空间温度会迅速上升。

随火源规模增大，温度场扩散速度加快，隧道整体温度升高，最高温度点出现的位置相对固定。随火源位置升高，高温区更加集中于隧道顶部，温度场向下游扩散的范围更远。火源产生在托架底层时，火灾危害性最大。

（4）在狭长空间当中，最常见的空气调节形式是纵向通风，在电缆隧道中，纵向通风主要起到换热、换气和排烟的作用。通风系统会在火灾信号确认后联动关闭，所以在火灾初期，风速大小会对温度特性产生重要影响。通风不仅会带来气流的运动和热量的交换，不同风速条件下电缆的延燃速度也会产生明显的变化。

随风速增大，火区上游温度降低，温度场向下游扩散的速度和范围增加，温度变化梯度减小。最高温度点向下游偏移距离增加，风速在 1m/s 以内，最高温度随风速增大而增大，风速大于 1m/s 后，最高温度随风速增大而减小。

3.2 电缆材料的燃烧性能及其对火灾的影响

3.2.1 电缆材料的燃烧性能测试标准

正确测试和评价电缆材料的燃烧性能，对于防止电缆火灾发生至关重要。电缆燃烧性能试验始于 20 世纪 50 年代，一开始试验主要集中在单根电缆的产烟特性及火焰传播特性，随着对电缆防火要求的不断提高，电缆燃烧性能标准也在不断地发展。电缆火灾安全评价指标包含电缆的燃烧性能、生烟量、毒性以及对电气设备的腐蚀性。美国防火标准主要关注燃烧性能和生烟量，但是欧洲等国家认为在燃烧中产生的卤酸等有毒气体、生烟量及燃烧产物的腐蚀性是人员能否安全逃离火场的主要影响因素。基于制定标准的不同理念，当前世界上阻燃电缆的试验标准主要分为欧洲体系和美国体系，欧洲体系包括欧洲标准（EN 及 HD）、IEC、ISO 及 BS、DIN VDE 等标准；美国体系主要包含 UL、NFPA 等标准，欧洲体系和美国体系阻燃试验主要标准如表 3-1 所示。

欧洲体系和美国体系阻燃试验主要标准　　　　　　　　表 3-1

难度要求	美国体系	欧洲体系	试验方法	
最严	UL 910/NFPA 262	EN 50289	成束	水平
较严	UL 1666	无此类标准	成束	垂直
一般	UL 1581-1160	IEC 60332-3	成束	垂直
较低	UL 1581-VW1	IEC 60332-1	成束	垂直

国内关于电缆燃烧性能的测试标准主要有垂直燃烧试验标准和水平燃烧试验标准两大类:

(1) 垂直燃烧试验标准

现行国家标准《电缆和光缆在火焰条件下的燃烧试验》GB/T 18380 中规定的试验有: 单根绝缘电线电缆火焰垂直蔓延试验、单根绝缘细电线电缆火焰垂直蔓延试验和垂直安装的成束电线电缆火焰垂直蔓延试验。该标准等同采用国际电工委员会标准《电缆和光缆在火焰条件下的燃烧试验》IEC 60332-1-2: 2015, 其中垂直安装的成束电线电缆火焰垂直蔓延试验与电线电缆的实际工程应用情况更为接近, 试验中对燃烧的热烟气没有具体要求。

(2) 水平燃烧试验标准

我国电缆水平燃烧试验标准采用的是现行国家标准《单根电线电缆燃烧试验方法》GB/T 12666, 试验在正面和顶部敞开的三面金属罩内, 用酒精喷灯火焰对试样进行垂直加热, 测定试样上的残焰和残灼至熄灭的时间。尽管这个标准试验方法简单、便于操作, 但与实际火灾和工程应用情况相差很大, 很少采用。

当前, 我国在电缆产品的检测中主要采用现行国家标准《电缆和光缆在火焰条件下的燃烧试验》GB/T 18380.3 中的试验方法, 该试验方法是垂直方向试验, 对侧重于竖直方向防火要求的高层建筑电缆敷设具有重要意义。但是, 在综合管廊电力舱中, 电缆在水平方向进行铺设, 而当前我国还没有相应的成束电缆水平燃烧试验标准对电缆在水平方向的燃烧性能提出要求。

3.2.2 电缆燃烧性能试验方法

一般采用锥形量热仪 (Cone Calorimeter, 简称 CONE) 试验测试电缆的燃烧性能。CONE 的燃烧环境极相似于真实的燃烧环境, 能够表征出材料的燃烧性能, 在评价材料、材料设计和火灾预防等方面具有重要的参考价值。与传统试验方法相比, 锥形量热仪试验具有以下优点: (1) 所得试验结果与大型试验结果具有良好的相关性; (2) 测试环境比一般的小尺寸试验更接近真实火灾环境; (3) 材料多种燃烧性能参数可以在同一试验中一并获取; (4) 试验结果数据定量, 便于进行比较和分析。

一般情况下, 在火灾初期阶段及全面发展阶段, 高温烟气的温度分别为 680℃和 880℃左右, 对物体的辐射是 35kW/m² 和 75kW/m² 左右。因此试验选取这两个辐射强度进行电缆燃烧试验, 比较贴近实际火灾场景, 能较好地展现电缆在实际火灾场景中的燃烧性能。

锥形量热仪主要由燃烧室、载重台、$CO/CO_2/O_2$ 分析仪、烟灰测量系统、系统通风装置及有关辅助设备六部分组成, 锥形量热仪结构示意如图 3-2 所示。

通过 CONE 试验可以同时获取试验对象的多种燃烧性能参数, 如热释放速率、烟生成速率、点燃时间、有效燃烧热以及气体产物的毒性及腐蚀性等。

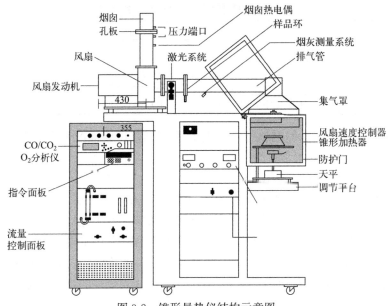

图 3-2　锥形量热仪结构示意图

（1）热释放速率（Heat Release Rate，简称 HRR）

HRR 是指在一定辐射强度下，材料被点燃后，单位面积的热释放速率，即：

$$\dot{q}^{n} = \frac{\dot{q}}{A} = \frac{1}{A} \frac{\Delta H_c}{r_0} \times 1.1 \times c \sqrt{\frac{\Delta P}{T_e}} \left[\frac{X_{O_2}^0 - X_{O_2}}{1.105 - 1.5 X_{O_2}} \right] \tag{3-1}$$

HRR 是表征火灾强度的最重要的性能参数，单位为 kW/m^2。HRR 的最大值就是热释放速率的峰值（Peak of HRR，简称 pkHRR），pkHRR 表征了材料燃烧时的最大热释放程度。HRR 或 pkHRR 越大，施与材料的表面的热反馈就越大，加快了材料的热裂解速度，产生更多的挥发性可燃物，加剧了材料的燃烧，因此材料在火灾中的危险性就愈大。

（2）总释放热（Total Heat Release，简称 THR）

THR 是指单位面积的材料从点燃到火焰熄灭为止所释放的热量的总和，以 MJ/m^2 为单位。总的来说，THR 愈大，说明材料燃烧时所释放的热量就愈大，即聚合物材料在火灾中的危险性就愈大。HRR 和 THR 结合可更好地评价材料的燃烧性和阻燃性。

（3）质量损失速率（Mass Loss Rate，简称 MLR）

MLR 是指材料在燃烧过程中质量随时间的变化率，它反映了材料在一定辐射强度下的热裂解、挥发及燃烧程度。CONE 试验还可以获得材料的质量损失曲线，从而得到不同时刻材料的剩余质量，便于直观分析材料的裂解行为。

（4）有效燃烧热（Effective Heat Combustion，简称 EHC）

EHC 是在某一时刻 t 时，所测得的热释放量与质量损失量之比，即：

$$E = \frac{H}{M} \tag{3-2}$$

式中：E——有效燃烧热，Effective Heat Combustion；

　　　H——热释放速率，Heat Release Rate；

　　　M——质量损失速率，Mass Loss Rate。

它反映的是可燃性挥发气体在气相火焰中的燃烧程度，有助于分析材料的阻燃机理。将 EHC 与 HRR 结合可以分析阻燃剂对材料阻燃是气相机理，还是凝缩相机理。

（5）点燃时间（Time to Ignition，简称 TTI）

TTI 是评价材料耐火性能的一个重要参数，它是指在一定辐射强度下，当材料表面有发光火焰燃烧时所维持燃烧的时间，以 s 为单位。TTI 愈大，表明材料在此条件下愈不易点燃，则材料的耐火性就愈好。

（6）比消光面积（Specific Extinction Area，简称 SEA）

SEA 表示挥发单位质量的材料所产生的烟，它不直接表示生烟量的大小，只是计算生烟量的一个转换因子，单位为 m^3/kg。SEA 可以由式（3-3）表示：

$$S = \frac{O \cdot V_f}{M} \tag{3-3}$$

式中：S——比消光面积，Specific Extinction Area；

　　　O——光密度；

　　　V_f——烟道的体积流速。

（7）CO、CO_2 的生成量

CO、CO_2 的生成量即每单位试样损失的质量所产生 CO、CO_2 的量，以 kg/kg 为单位。CO 的生成量大，说明烟的毒性就越大。CO_2 越大，CO 越小，则说明气相燃烧反应越完全，烟气的毒性越小。

3.2.3　电缆燃烧性能分析

（1）电缆的起火燃烧过程分为两个阶段，首先是电缆上表面的护套材料起火燃烧，然后是内层绝缘材料和下表面护套材料的燃烧，电缆的热释放速率曲线图出现"双峰"现象，如图 3-3 所示，分别展示了铜芯聚氯乙烯绝缘聚氯乙烯护套阻燃电力电缆（ZRVV）、交联聚乙烯绝缘聚氯乙烯护套电力电缆（YJV）、交联聚乙烯绝缘聚氯乙烯护套阻燃电力电缆（ZRYJV）热释放速率随时间变化曲线。可以根据电缆第一个热释放速率峰值的相对大小初步判断电缆的阻燃性能优劣。

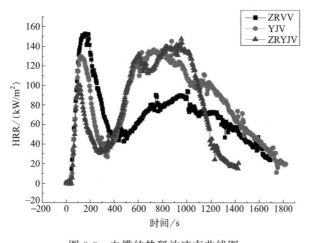

图 3-3　电缆的热释放速率曲线图

（2）当电缆添加阻燃剂时，第一个热释放速率峰值相对降低，点燃时间增长，燃点提高，产烟量减少，CO 产生率减小，呈现阻燃特性，综合火灾危险性有所降低。

（3）阻燃电缆与非阻燃电缆在 $35kW/m^2$ 辐射条件下，锥形量热仪试验中点燃时间、热释放速率存在较为明显的差异，较好地体现阻燃电缆的火灾性能。

（4）改变电缆护套原料厚度，对其热释放速率变化趋势影响不大；改变辐射强度则有较大影响，究其原因，是护套原料内部添加剂和阻燃剂以及聚合物燃烧的特点共同作用的结果。

（5）在产烟性能方面，护套厚度越大，其烟生成速率也越大，但两者的变化趋势基本一致。护套原料在不同辐射强度下差异较大。

第4章 防火封堵、防火槽盒与防火包带的使用

4.1 防火封堵材料的选择及其施工要求

4.1.1 材料选择

（1）国外研究现状

自20世纪以来，新型材料研究在建筑行业发展中占有重要地位。由于国外技术发展较早，对新型材料的研究、测试和应用较为领先，国际上有两大防火封堵产品生产企业，即喜得利和3M，喜得利和3M的防火封堵产品主要有防火剂、防火灰泥、阻燃耐火涂料、阻火圈等。国外企业在研发新型防火封堵材料和施工应用中投入大量资金，无论是在技术层面还是规范上都形成较为成熟的体系。

以国外STI公司为代表，应用防火封堵材料的产品多达30多种，如广泛应用于电力、通信、建筑等行业的FPS162防火涂层板，在抗拉性、延展性等方面表现出较大优势。表4-1和图4-1分别展示了STI防火封堵丰富的产品类型。

STI防火封堵产品列表　　　　　　　　　　　　　　　　表4-1

材料类型	子类型
柔性有机堵料	SIL300硅胶、PEN发泡硅胶、SSP可塑型防火胶泥、EP电力插座防火封堵胶泥
无机堵料	SSM防火灰泥
阻火包带	SSWBLU膨胀型阻火包带、SSWBLU2膨胀型阻火包带、SSWRED膨胀型阻火包带
防火封堵板材	SpecSeal膨胀型金属防火板、矿棉板、SpeedFlex快速安装矿棉
防火密封胶	SSS二次膨胀防火密封胶、LE600密封胶、LC隔热保温防火密封胶、ES弹性防火密封胶
阻火圈	RTC膨胀型阻火圈、LCC膨胀型阻火圈、SSC膨胀型阻火圈

图4-1　STI防火封堵产品

在贯穿型防火封堵材料的安装使用中，美国消防协会（NFPA）针对电气线路的封堵作出了规定，包括贯穿型防火封堵材料的安装使用范围、安装位置和相应的试验准则，在有关检测与分级方面与现行美国标准《贯穿型防火封堵材料耐火试验方法》ASTM E814-13a试验方法相同。

（2）国内研究现状

国内防火封堵技术自主研究相较于国外发达国家起步较晚，我国防火封堵相关技术及其产品应用行业已于20世纪80年代中期首先由公安部四川、上海消防研究所最先研制，成功研制密闭防火封堵包和阻火圈等系列产品，但随着当前火灾形势的复杂变化，人们已经对当前防火封堵相关技术及其产品实际应用领域提出更高的要求。1970年至1985年期间，国内沿用国外发达国家相关做法，采用带有塑料沙袋的防火方式进行密闭封堵。1985年随着半导体行业发展，国内逐步采用金刚砂作为防火封堵材料进行隔烟隔热，但是金刚砂材料的比重大不易运输，且高温易发生变形蚀缩，严重时会大面积坍塌。直到20世纪90年代才成立消防研究所，通过《防火封堵材料的研制》项目，牵头带动各地方生产厂商联合开发，自此逐渐拉开防火封堵材料高速发展的序幕。

1999年，公安部四川消防研究所在有机构筑物封堵材料的研制中，运用先进的工艺，研制出一种新型GF有机构筑物防火封堵材料，并指出该系列产品具有良好的弹性和柔韧性、长期不固化的优点，经国家防火建材施工质检中心按《防火封堵材料的性能要求和试验方法》GA 161—1997（已作废）进行检测，结果显示各类性能指标均达到预期的效果，研究认为该产品可作为高效防火、造价便宜的代表推广使用。

2003年，公安部上海消防研究所陈栋梁介绍了两种具有高膨胀性无卤素电缆封堵材料，并指出该类产品FPS无卤膨胀剂在炭火使用过程中无毒、低污染并且具有良好的阻烟隔热性能，研究表明将两种FPS型无卤膨胀剂有机防火涂料配合生产使用可以完全代替传统有机、无机、阻火包等防火封堵材料，FPS有机式防火与膨胀式防火板在电缆井封堵示意如图4-2所示。

2003年，边福利介绍无卤膨胀型防火密封胶，并指出该产品具有高效、环保、易膨胀的特点，并指出该产品适用于电缆密度小、其他防火封堵材料使用效果不好的特殊场所。

2005年，戚天游在无机防火封堵材料的研究中，通过在无机防火封堵材料加入一种添加剂，以二氧化硅酸盐为主粘贴剂，成功改良出新型无机堵料，研究显示产品具有防火隔热性好、无毒环保等优点，研究表明该产品广泛适用于电缆、线路及各种穿墙的孔洞封堵。

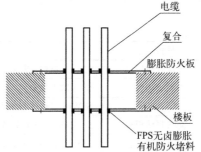

图4-2 FPS有机式防火与膨胀式防火板在电缆井封堵示意图

2012年，广州化工实业有限公司团队在普通硅酮密封胶开发研制过程中，成功改良新型DJ-A3-SS607硅酮防火密封胶，研究表明该产品耐高温、粘性好，还具有极强的阻燃防火性能，是行业内极少数通过国家标准《防火封堵材料》GB 23864—2009（已作废）中要求的测试的产品，主要物理性能测试结果如表4-2所示。

硅酮防火密封胶物理性能测试数据　　　　　　　　　　　表 4-2

项目	技术指标要求	测试结果	结论
耐火完整性	≥3h,试件背火侧无连续 10s 的火焰穿出,棉垫未着火	3h,试件背火侧未出现火焰,未点燃棉垫	符合
耐火隔热性	≥3h,试件背火侧和被检面框架表面任一点温度上升＜180℃	3h,被检试样背火侧最高温升 79℃,背火侧框架表面最高升 92℃	符合
燃烧性能	不低于国家标准《塑料 燃烧性能的测定 水平法和垂直法》GB/T 2408—2008(已作废)规定的 HB 级	V0 级	合格
膨胀性能(%)	≥300	383	合格

2013 年,杨佳庆对有机防火封堵材料的使用寿命做了相关研究。试验以某公司生产的 YFD-Ⅱ有机防火封堵材料作为研究对象,分别从表观密度、腐蚀性、耐冻融循环性和耐火性能等 8 个方面,在良好、一般、恶劣环境下,对不同使用年份的试验样品进行判定。研究认为,环境对于防火封堵材料使用性能影响较大,良好环境中,有机防火封堵材料使用寿命为 8a;一般环境中,其使用寿命为 6a,且可重复使用;较差环境中,其使用寿命为 3a,且需要定期更换。

2013 年,绵阳市消防支队卿婉丽在有机防火封堵材料的研制中,运用热膨胀式阻燃工艺,以某种树脂为粘结物溶剂,添加阻燃剂后制得新型有机防火封堵材料,并指出该有机防火封堵材料受热膨胀性好。研究表明该产品适合广泛用于电厂、工矿企业的电缆封堵,在当时被认为是一种理想的防火封堵材料。

2019 年,中国核电工程有限公司团队吸收国外核电技术,研发出具有自主知识产权的国产"RTV-2 硅橡胶"防火封堵材料。研究表明该材料根据建筑结构的不同要求,在水密、气密、耐火、生物屏蔽、抗回路失水(LOCA)等性能方面,具有比普通橡胶防火封堵材料更强的优势。

防火封堵材料种类繁多,分类方式也不单一,常见的分类形式包括按用途分类、按产品组成和形状特征分类。

(1) 按用途分类

按用途分类是常见的分类形式之一,这种分类方式将防火封堵材料分为三类:孔洞用防火封堵材料、缝隙用防火封堵材料、塑料管道用防火封堵材料。

孔洞用防火封堵材料指用于贯穿结构孔洞的防火封堵材料;缝隙用防火封堵材料指用于防火分隔构件之间或防火分隔构件与其他构件之间(如伸缩缝、沉降缝、抗震缝和构造缝等)的防火封堵材料;塑料管道用防火封堵材料指用于塑料管道穿过墙面、楼地板等孔洞的防火封堵材料。

(2) 按产品组成和形状特征分类

按产品组成和形状特征分类是防火封堵材料的主要分类方式,这种分类方式符合目前的材料检测标准,也符合生产厂商的生产模式,包含无机封堵材料、柔性有机封堵材料、阻火包、阻火模块、防火封堵板材、防火密封胶等。防火封堵材料按产品组成和形状特征分类如表 4-3 所示。

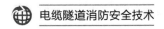

防火封堵材料按产品组成和形状特征分类　　　　　　表 4-3

类型	简介	适用范围
无机封堵材料	以无机粘结剂为基料,添加无机耐火材料和阻燃剂制成,具有适当的和易性	适用于孔洞的防火封堵
柔性有机封堵材料	以有机树脂为粘结剂,添加防火阻燃剂等填料制成,具有一定的柔性和可塑性	适用于孔洞的防火封堵
阻火包	将防火材料包装制成的包装物体	适用于较大孔洞的防火封堵或电缆桥架的防火分隔
阻火模块	用防火材料制成的具有一定形状和尺寸规格的固体	适用于孔洞或电缆桥架的防火封堵
防火封堵板材	用防火材料制成的板材	适用于大型孔洞的防火封堵
泡沫封堵材料	注入孔洞后可以自行膨胀发泡并使孔洞密封的防火材料	适用于孔洞的防火封堵
防火密封条	用防火材料制成的具有一定几何形状的制品或柔性卷材	适用于孔洞的防火封堵
防火密封胶	具有防火密封功能的液态防火材料	适用于孔洞的防火封堵
阻火包带	用防火材料制成的柔性可缠绕卷曲的带状产品,缠绕在塑料管道外表面,并用钢带包覆或其他适当方式固定,遇火后膨胀挤压软化的管道,封堵塑料管道因燃烧或软化而留下的孔洞	适用于孔洞的防火封堵
阻火圈	用防火材料和金属外壳制成的制品,套在塑料管道的外表面,遇火后膨胀并封堵塑料管道穿过墙面、楼地板等孔洞或因燃烧或软化而留下的孔洞	适用于孔洞的防火封堵

4.1.2　施工要求

目前,现行国家标准《建筑设计防火规范》GB 50016 作为建筑类通用防火规范,从建筑构件防火保护角度出发,规定了建筑内防火封堵的部位,但却没有规定防火封堵措施的细节,也未对电气防火封堵问题作集中说明。比如,在规范 6.2 节"建筑构件和管道井"中规定:"建筑内的电缆井应在每层楼板处采用不低于楼板耐火极限的不燃材料或防火封堵材料封堵";再比如,在"建筑缝隙"中指出"电线、电缆等不宜穿过建筑内的变形缝,确需穿过时,应在穿过处加设不燃材料制作的套管或采取其他防变形措施,并应采用防火封堵材料封堵"等。即便如此,相较于《建筑设计防火规范》GB 50016—2006(已作废)和《高层民用建筑设计防火规范（2005 版）》GB 50045—1995（已作废）中"采用不燃烧体进行填塞密实"的说法,此次规范修订不仅增加了防火封堵的概念,更是深化了电气防火封堵的技术要求。

在现行国家标准《电力工程电缆设计标准》GB 50217 中,出于对电缆防火的考虑,明确了电气防火封堵的构成,并要求其按照等效工况进行测试,满足相应耐火性能。比如,在第 7 章"电缆防火与阻止延燃"中,要求"电缆贯穿隔墙、楼板孔洞处,均应实施防火封堵"。

现行国家标准《民用建筑电气设计标准》GB 51348 则是从电气线路敷设和布线的形式对防火封堵作了相关要求。如第 8 章"配电线路布线系统"的一般规定中指出,"布线用各种电缆、电缆桥架、金属线槽及封闭式母线在穿越防火分区楼板、墙体时,洞口等处应采取防火封堵措施"。

在分析防火封堵材料特性和国外防火封堵技术的基础上，我国于 2003 年批准修订了现行团体标准《建筑防火封堵应用技术规程》CECS 154，并将其作为有关标准的必要补充和支持文件，对防火封堵的设计和施工提出了比较科学的要求。

当前，为适应防火封堵技术的迫切需求，对各类封堵措施和封堵材料加以规范和管理，根据住房和城乡建设部的要求，由公安部天津消防研究所会同有关单位正在开展对《建筑防火封堵应用技术》的编制。

国外防火封堵参考依据较多，仅以美国为例，现行美国消防协会标准《生命安全规范》NFPA 101 综合考虑了火灾烟气、热量、有毒气体对人员生命安全的威胁，明确要求防火封堵组件应按照实际工况或等效工况设置并通过测试。现行美国消防协会标准《国家电气规范》NFPA 70 针对电气线路贯穿孔口防火封堵也作出了相应规定。

4.2 防火封堵的实施方案及效果评估

4.2.1 实施方案

（1）国内研究现状

防火封堵性能的好坏，不只与材料有关，还与防火封堵的施工位置等因素有关，国内对防火封堵技术的革新于 20 世纪 90 年代开始取得较快的发展。

1987 年，李翔忠在对国内外电缆防火技术手段归纳总结中，介绍了国外采用防火封堵材料对电缆穿墙孔洞进行封堵的方法，并指出该材料在高温下凝固变硬，能使火灾控制在一定范围。由于当时国内尚没有防火封堵产品和相关技术，因此对其阻火机理缺少认知。

1994 年，朱军强等人在对电缆防火材料应用研究中，对无机封堵材料施工流程提出建议："先固定下端封板，再倒入无机封堵材料，待表面平整且略高于楼板后，撤掉封板"，并指出该做法可保证堵料的填充均匀。

1996 年，中国建筑科学研究院李引擎等人通过归纳总结现有五种类型电缆防火封堵技术，并在此基础上对单一封堵灌注技术进行了改良，研究表明该解决方案不仅具有阻火隔烟、满足散热的优点，还可随意拆卸，重复使用，如图 4-3 所示的双元防火封堵方案。

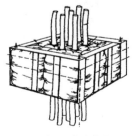
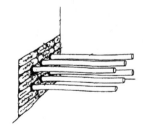

（a）"竖井"封堵方案　　　　　　（b）"水平井"封堵方案

图 4-3　双元防火封堵方案

2008 年，余建华等人通过归纳总结出七种电缆沟防火封堵方案，并针对每部分采取的防火封堵材料和施工工艺进行详细阐述，以母线阻火方案为例，如图 4-4 母线阻火方案所示，研究指出通过防火板与阻火包配合使用的方法，保证封堵材料外形处理得光滑平整，严实密封。

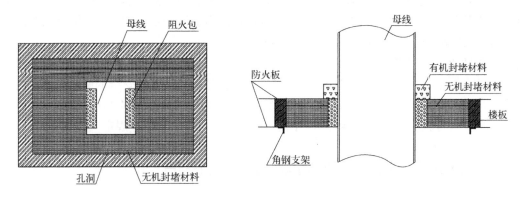

图 4-4　母线阻火方案

2009 年，沈阳市公安消防支队周祥通过试验总结封堵技术及工艺，指出后期施工考虑的五个关键因素，取决于前期通用贯穿物体之间的粘附性、贯穿物体周围的热传导、封堵材料的环境适应性及后期用量，并指出通用防火封堵材料的优缺点和使用范围，对产品的选用有着较大的指导意义。

2010 年，山东电力工程有限公司刘念晶等人在电缆竖井防火封堵的研究中，制定并实施一整套竖井防火封堵具体措施方法及材料计算方法，在封堵处增加十字形交叉防火隔板，严实密封性较好，如图 4-5 电缆竖井防火封堵安装图所示。研究表明该做法在实际电缆工程中取得了较好的封堵效果。

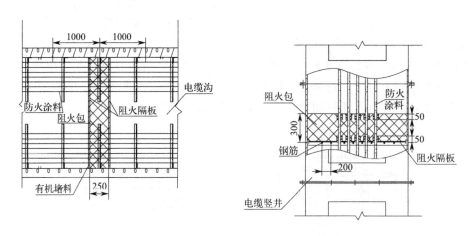

图 4-5　电缆竖井防火封堵安装图

（2）国外研究现状

国外在防火封堵领域研究较早，无论是防火封堵性能测试，防火封堵方案选择，还是基于新材料的防火封堵工程配套方案研发都开展了许多工作。

1979 年，A. J. Lacey 结合早期的贯穿型防火封堵材料测试标准，对陶瓷纤维板、泡沫封堵材料等进行了性能测试，试验分为贯穿墙体和楼板两部分。结果表明，耐火性能和水冲特性可以用来表述防火封堵材料的性能；同时，钢固件紧固和填入有机硅的泡沫封堵材料配合使用是可行的。

1981 年，V. J. Herter 等人对硅胶泡沫有机封堵材料在电缆穿墙孔洞中的耐火性能进行研究。试验通过测试该封堵材料在不同尺寸电缆贯穿孔洞下的耐火性能，确定了该材料在 240mm 厚墙体条件下的防火封堵有效性。

2011 年，Soonil Nam* 等人对电缆贯穿孔口防火封堵材料的烟气渗透量进行试验评估，试验结果如图 4-6 所示。研究发现，火灾条件下，穿过贯穿孔洞的烟气并不完全来自贯穿体材料的热解，还有一部分是封堵材料自身热解造成的。由此，应对烟气渗透量的来源成分进行细化，重新评估防火封堵材料的性能。

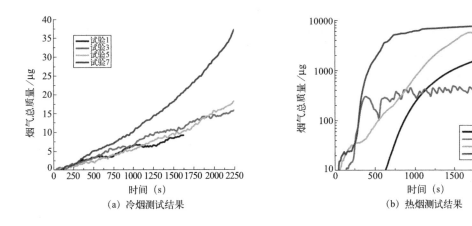

图 4-6　Soonil Nam* 等人试验结果

STI 作为国际上防火封堵厂商的先进代表，在方案解决上，配合自身生产的材料，针对不同工况，提出了 2000 余种的工程解决方案，如表 4-4 所示。

STI 提出的工程解决方案 　　　　　　　　　　　　　　　　　　表 4-4

类型	结构形式	系统序列号
贯穿孔口	钢管贯穿混凝土楼板	CAJ1080、CAJ1259、CAJ1616、FA1110…
	钢管贯穿轻质墙体	CBJ1066、CBJ1065、CAJ2111、CAJ2002…
	塑料管贯穿混凝土墙体	CAJ1123、CBJ1227、CBJ1093…
	电缆桥架贯穿轻质墙体	CAJ1024、CAJ1352、CAJ1245…
	电缆束贯穿混凝土墙体	CAJ1467、CAJ1754、CAJ1537…

防火封堵材料是影响防火封堵性能的关键因素，但并不是唯一因素，合理的材料搭配，即技术方案的选择，对防火封堵性能来说也是十分重要的。

就国内市场而言，大多工程单位为降低成本，多以混凝土等材料密实。而混凝土本身属于亲水性材料，其水分存在于混凝土的孔隙中，在凝结硬化和使用时，常会因干燥和吸湿发生收缩和膨胀。特别地，在火灾条件下，因用于封堵和建筑构造的混凝土时间不同，其膨胀性也不同，混凝土易受力发生开裂。因此，用混凝土填塞的做法远达不到防火封堵的要求。国外在防火封堵技术措施方面有较多案例，以下归纳了几种典型的防火封堵技术方案。

1）防火密封胶技术方案

防火密封胶是指具有防火密封功能的液态防火材料，其主要有两类：一是膨胀型防火密封胶，遇热发生体积膨胀；二是弹性防火密封胶，具有一定的伸缩（位移）能力。前者主要用于孔口封堵，后者主要用于缝隙间封堵。膨胀型防火密封胶用于电缆束技术方案如图 4-7 所示。

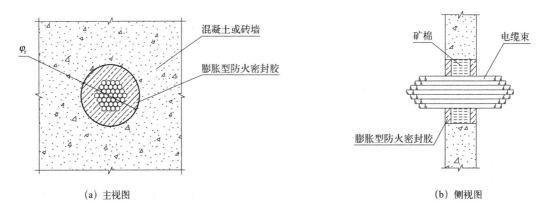

(a) 主视图 (b) 侧视图

图 4-7 膨胀型防火密封胶用于电缆束技术方案

对于圆形孔口，即单根电缆或成束电缆穿孔的情况：首先，在孔洞内填塞矿棉；其次，采用防火密封胶涂覆在岩棉表面，要求防火密封胶与砖墙搭接边处的宽度以及电缆与开孔的四周厚度≥13mm。

2）防火封堵板材技术方案

防火封堵板材是用防火材料制成的板材，可方便地切割和钻孔，在成束电缆贯穿和成排敷设电缆贯穿中均有应用，防火封堵板材技术方案如图 4-8 所示。

对于上述两种情况，施工应注意保持接触面清洁干净、干燥、无尘、无油；其次，CS 膨胀型防火板相互搭接的位置应使用厚度为 1.2mm 的镀锌铁皮或膨胀型金属板自身做搭接件，搭接宽度≥50mm；再次，CS 膨胀型防火板的固定可以使用金属钻尾螺丝直接固定；最后，用膨胀型防火密封胶涂覆在 CS 膨胀型防火板与电缆之间，使用防火密封胶在搭接边处施工宽度≥13mm。

3）无机封堵材料技术方案

无机封堵材料是以无机材料为主要成分的粉末状固体，与外加剂调和使用时，具有适当的和易性，也就是通常所称的"阻火灰泥"，如图 4-9 所示。

阻火灰泥在使用前需要按比例加水混合，材料不具有收缩性，一般也不会因温度改变而破裂，其经济、高效，可使用灌浆或砌填方式施工，适用于各种类型的孔洞，如图 4-10所示用于方形孔口（电缆成排敷设）的情况。

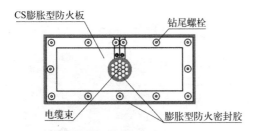

（a）防火板材用于成束电缆贯穿（主视图）

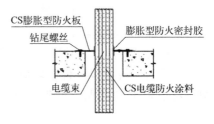

（b）防火板材用于成束电缆贯穿（侧视图）

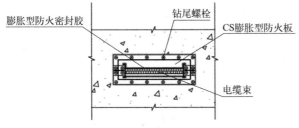

（c）防火板材用于成排敷设电缆（主视图）

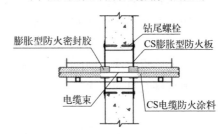

（d）防火板材用于成排敷设电缆（侧视图）

（e）CS膨胀型防火板

图 4-8　防火封堵板材技术方案

4）柔性有机封堵材料技术方案

柔性有机封堵材料（图 4-11）是以有机材料为粘结剂，使用时具有一定柔韧性或可塑性，产品为胶泥状。适用于电力、电信及地下工程封堵各种贯穿物，如电缆、风管、气管及金属管道等，具有防火分隔功能，特别应用在较小的电缆贯穿孔洞、缝隙及其他防火封堵材料不宜封堵的异形孔洞和更换电缆较为频繁的场所。

图 4-9　阻火灰泥

图 4-10　阻火灰泥用于方形孔口
（电缆成排敷设）的情况

23

施工时，首先应将有机防火封堵材料取出揉成团状，若气温过低，可将封堵材料连同包装置于 40～70℃ 的温水中加热再进行操作。其次，对所需封堵的孔洞应清扫干净。最后，将封堵材料均匀地铺、嵌、填于孔洞缝隙中，对于较大的孔洞，可先用防火网做骨架，以增加强度。

图 4-11　柔性有机封堵材料

5）阻火模块技术方案

阻火模块是用防火材料制成的具有一定形状和尺寸规格的固体，可以方便地切割和钻孔，适用于孔洞或电缆桥架的防火封堵。国内生产的阻火模块技术方案如图 4-12 所示，主要用于电缆桥架及较大型贯穿孔口的防火封堵，经济性较好。

（a）阻火模块　　　　　　　　　　　（b）阻火模块用于电缆廊道

图 4-12　阻火模块技术方案

6）电缆防火槽盒技术方案

以 STI 生产的易利通电缆防火槽盒（图 4-13）为例，其内部有膨胀型封堵材料，有较好的散热性、通风透气性，可方便更换线路。当防火槽盒着火或电缆过热时，火焰作用使原来开启的浸有特种防火涂料的通风网孔堵塞，并膨胀成碳化层包覆电缆，网上小盖自动下落，盖住网面，使燃烧介质缺氧自熄。

当贯穿墙体时，可将防火槽盒安装至方形或圆形法兰内；当贯穿楼板时，需将内置式自锁扣件揳入混凝土内，并将槽盒固定到法兰式挡板内。

（a）防火槽盒　　　　　（b）圆形法兰挡板　　　　　（c）方形法兰挡板

图 4-13　易利通电缆防火槽盒

7）其他贯穿孔口用封堵技术方案

除上述几种封堵措施外，瑞典 MCT 公司生产了一种特殊的封装模块，将电缆置于标准填充模块内，再将模块封装至标准框架，采用螺丝固定在墙体，如图 4-14 所示。此外，阻火包、阻火包带等其他常见防火封堵材料主要用于电缆桥架穿墙，在建筑低压电气线路贯穿孔口方面使用较少，故不作讨论，如图 4-15 所示。

（a）用于方形孔口	（b）封装模块集成	（a）阻火包	（b）阻火包带
图 4-14　MCT 封装模块技术方案		图 4-15　其他常见防火封堵技术方案	

4.2.2　效果评估

（1）防火封堵性能参数

防火封堵的性能参数较多，若按照国内检测标准，可以分为：燃烧性能、耐火性能和理化性能。从工程应用角度，主要分为材料性能和结构性能两类。

材料性能有如下方面：

1）燃烧性能。它是保证防火封堵材料在火灾中不成为助推火势发展的传播材料的性能。除无机堵料外，其他封堵材料均应满足一定级别的燃烧性能。

2）理化性能。包括表观密度、初凝时间、抗压强度、抗弯强度、腐蚀性、耐水性、耐油性、耐湿热性、耐冻融循环性、膨胀性等。理化性能只针对具体封堵材料来说，它是保证材料质量的基本要求。

结构性能有如下方面：

1）耐火性能。国内在检测标准中，将耐火性能视为材料性能，但在防火封堵领域中，这一划分并不合适。耐火性能一般指隔热性和完整性，其技术要求如表 4-5 所示。作为防火封堵材料的核心参数，耐火性能是目前产品检测的重点。

防火封堵材料的耐火性能技术要求　　　　　　　　　　　　　　　　表 4-5

序号	技术参数	耐火极限（h）		
		1	2	3
1	耐火完整性	≥1.00	≥2.00	≥3.00
2	耐火隔热性	≥1.00	≥2.00	≥3.00

2）密烟性能。密烟性能包括气密性和烟密性，前者是指封堵组件未经受火时的严密程度；后者是指封堵组件受火后是否有烟气逸出。目前，国内尚不能对密烟性能进行检测，但要求有防烟需求的场所应采用防烟性能良好的材料。

（2）防火封堵检测标准

1）国内检测标准

在我国，防火封堵质量认证属于消防产品型式认证。根据《中华人民共和国消防法》和《消防类产品型式认可实施规则》的规定，防火封堵材料属于防火阻燃材料一类，应按公安部消防产品合格评定中心要求，进行型式认证，其型式认证标准为现行国家标准《防火封堵材料》GB 23864。

《防火封堵材料的性能要求和试验方法》GA 161—1997（已作废）是我国在防火封堵材料检测方面制定的第一本标准，部分参考了美国《贯穿型防火封堵材料耐火试验方法》ASTM E814，对防火封堵材料的耐火性能和理化性能检测方法进行了规定。

现行国家标准《防火封堵材料》GB 23864 是参考欧盟标准《防火封堵材料试验方法》EN 1366 制定的，用以替代《防火封堵材料的性能要求和试验方法》GA 161—1997。此次修订对防火封堵的术语概念进行细化，同时对新型防火封堵材料应用增加了相关理化指标的检测，如耐冻融循环、膨胀性能等。

2）国外检测标准

国外关于防火封堵检测的认证方式较多，如 UL 认证、BS 认证和 EN 认证等。其中，UL 认证最具代表性，UL 美国保险商试验室成立于 1894 年，是从事产品安全试验、鉴定和认证的非营利性权威机构。

对单一防火封堵产品而言，其结构尚不完整，在使用中也并非完全独立，因此需进行分级认可。UL 要求防火封堵产品送检时，需要将材料及其封堵部位组合构件一起送检。另外，对防火封堵的认证并非判定认证，而是根据送检申请，对其进行相关指标的定向测试，测试结果只限于此类工况。这也说明，防火封堵材料的型式认证对实际应用并不具备足够的参考建议。在具体的检测标准上，美国材料协会将防火封堵材料分为贯穿用防火封堵材料、建筑幕墙用防火封堵材料、建筑接合缝用防火封堵材料，并分别制定了相应的防火测试标准。

《贯穿型防火封堵材料耐火试验方法》ASTM E814 对各类贯穿孔口防火封堵系统依据耐火性能、密烟性能和水冲特性划定为 F 级、T 级、L 级、W 级。其中，F 级和 T 级（耐火等级、隔热等级）为标定级别；L 级和 W 级为可选级别。其中，对于耐火性能的检测需参照《建筑结构及材料的耐火测试》NFPA 251 和《建筑材料耐火测试》ASTM E119。

《建筑缝隙防火封堵材料耐火试验方法》ASTM E1966 适用于建筑内所有形式的缝隙，包括伸缩缝、沉降缝、抗震缝、结构或构件之间连接的缝隙等。该标准考虑了缝隙位移，在试验中引入了该项测试。

《幕墙型防火封堵材料耐火试验方法》ASTM E2307 适用于建筑幕墙使用的防火封堵材料。该标准基于幕墙封堵的结构形式，以水平防火封堵的耐火性能检测为主，考虑了构件破裂，强度下降等不利情况。

《贯穿件防火封堵试验方法》UL 1479 与《贯穿型防火封堵材料耐火试验方法》ASTM E814 内容基本一致，目前已被澳大利亚、东南亚地区等国家认可。

《电缆贯穿防火封堵测试标准》IEEE Std 634TM 的编制结合电缆设计的要求，内容与《贯穿件防火封堵试验方法》UL 1479 和《贯穿型防火封堵材料耐火试验方法》ASTM E814 相似。

（3）耐火性能参数研究

1）耐火性能指标

对建筑构件来说，其耐火性能从弱到强，依次是隔热性、完整性和稳定性。当火灾控制在某一防火分区时，相邻分区是否起火，即隔热性判定；当火灾有向相邻分区蔓延征兆时，火焰是否穿越防火分区引起相邻分区内物品燃烧，即完整性判定；当火灾发展至已经破坏建筑承重构件时，是否对建筑结构造成影响，即稳定性判定。结构稳定已经超出了消防安全的范畴，因此在防火封堵的耐火性能指标中主要是隔热性和完整性。

①失去隔热性。判定标准为被检试样背火面任何一点温升达到180℃；任何贯穿物背火端距封堵材料25mm处表面温升达到180℃；背火面框架表面任何一点温升达到180℃。

②失去完整性。判定标准为试件背火面出现点燃棉垫或有连续10s的火焰穿出。

2）耐火性能测试

耐火性能测试的核心是隔热性测试，判断标准在上文已经提及。根据隔热性判定标准，相应的热电偶布置位置可参照现行国家标准《防火封堵材料》GB 23846 和《贯穿件防火封堵试验方法》UL 1479，如图 4-16 所示。

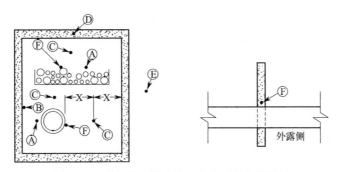

图 4-16　耐火性能测试试件背火面热电偶图示

①炉内温度测量采用丝径为 0.75～2.3mm 的热电偶，其感温端距堵料受火平面 100mm，数量不少于 5 支。②试件背火面温度测量点主要为背火面封堵材料、电缆表面、距堵料封堵边缘 25mm 处的框架表面。其中，封堵材料距贯穿物表面 25mm 处不少于 2 支；贯穿物表面距封堵材料表面 25mm 处至少 1 支；距封堵材料封堵边缘 25mm 处的框架表面设 1 支热电偶；另设 1 支移动测温热电偶，必要时用来监测试件背火面可疑点的温升，其数据应作为判定依据。

（4）密烟性能参数研究

密烟性能包括气密性和烟密性。气密性是静态参数，指构件未受火时的密封程度；烟密性是动态参数，指构件受火条件下的密封程度。对于火灾中防火封堵系统组件的性能判定主要依靠后者，即烟密性，通常以烟气泄漏量来表现烟密性。

1）烟气泄漏的理论分析

防火封堵系统组件均会存在烟气泄漏情况，关于这一点，国外已开展了大量验证试验。比如3M 公司对电缆贯穿楼板的防火封堵系统组件进行了烟气泄漏量测试，如图 4-17 所示。

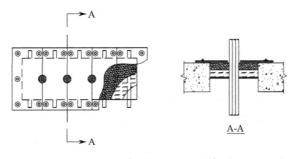

图 4-17　烟气泄漏量测试示意图

试验数据表明，防火封堵组件的耐火性能和密烟性能并无显著关系，且电缆贯穿孔口类防火封堵组件的烟气泄漏量比其他类型的烟气泄漏量要多。当然，存在烟气泄漏并不能说明其防火封堵材料的雾化性质不达标或是材料在火灾中被烧穿，而主要是基于以下两点原因：

①从烟气生成角度来看，烟气生成先于膨胀型防火封堵材料的膨胀发生。火灾初期阶段，物品阴燃或明火燃烧产生烟气粒子，由于粒子温度高于室温，在热浮力作用下迅速扩散。此时，封闭空间内只是局部燃烧，整体环境温度未发生明显改变。防火封堵部位的膨胀型材料尚未达到膨胀临界温度，烟气沿封堵孔隙介入，蔓延至相邻防火分区。随着火灾发展，膨胀型防火封堵材料达到临界温度值，发生膨胀，使实现对烟气的阻隔。由此可知，烟气泄漏量主要指膨胀型防火封堵材料膨胀前的时间内，烟气通过孔隙向相邻分区蔓延的体积。

②从烟气粒子粒径角度看，烟气粒子的粒径极微小，直径在 $0.01\sim10\mu m$，小于封堵材料的排列间隙，特别是对于膨胀型材料的疏松结构来说，烟粒子更易穿过。此外，电缆之间的铺设需要一定间隙，这本身也会造成封堵无法完全密实。

2）烟气泄漏量的安全阈

如同耐火性能的高低可以用耐火极限，即时间衡量，密烟性能的高低，同样应该有具体的判定准则。火灾烟气的危害主要表现在对能见度的影响、温度方面的危害及呼吸方面的危害。

①能见度方面。火灾烟气中往往含有大量固体颗粒，使烟气具有一定遮光性。此外，烟气还会对人眼造成刺激，使受困者无法正常行动。

②温度方面。研究表明，火源释放热量近 70% 会以对流传热的形式进入烟气中，当烟气聚集，温度会达到 600℃以上，对人员的生命安全构成重大威胁。

③呼吸方面。首先，火灾烟气会降低环境氧含量，当环境氧含量低至 10% 以下时，会导致人的失能与死亡。其次，烟气中含有大量有害气体，火灾中多数罹难者是因吸入 CO 等有害气体致死，因此，常把 CO 含量作为毒性判定指标。资料表明，当 CO 体积分数达到 0.1% 时，会引起头晕和头痛。结合火灾试验数据，CO 在火场不同区域中的体积分数如表 4-6 所示。

CO 在火场不同区域中的体积分数　　　　　　　　　　表 4-6

区域	CO 体积分数
地下室	$0.04\%\sim0.85\%$
闷顶阁楼	$0.01\%\sim0.1\%$
浓烟区域	$0.02\%\sim0.1\%$
楼内或室内	$0.01\%\sim0.4\%$

以医院病房为例，根据现行国家标准《医院洁净手术部建筑技术规范》GB 50333 对房间尺寸的设计要求和《贯穿件防火封堵试验方法》UL 1479 对烟气泄漏量不超过 1CFM 的要求（折算国际单位为 $1.7m^3/h$），取泄漏气体中 CO 的最高含量 0.4%，以耐火极限 3.0h 作为烟气泄漏时间，则有：

$$V=\frac{1.7\times3.0\times0.4\%}{20\times2.5}=0.0408\%$$

由计算结果可知，烟气泄漏量不超过 1CFM 是安全的。可以将烟气泄漏量 $1.7\text{m}^3/\text{h}$ 作为分界线将防火封堵密烟性能划分为高、低两个等级。

3）密烟性能测试

国内对于密烟性能没有定量要求，因此也没有相应的判定依据和测试方法。参考《贯穿件防火封堵试验方法》UL 1479 的相关规定，其测试方法为：将防火封堵组件置于试验箱内，保持箱内气压稳定。一端接鼓风机，向箱体内提供稳定气流；另一端接抽风机，将箱体内气体均匀抽出。保持箱体内气压不变，鼓风机和抽风机的气流速度差就是防火封堵的烟气泄漏量。

密烟性能测试分两组，一组是测试室温条件（25℃）下气体泄漏量，表示气密性；另一组是测试升温条件（200℃）下气体泄漏量，表示烟密性。由于该试验箱的条件较为苛刻，特别是高温气体对于抽风系统会造成机械损伤，也可采用真空泵代替。通过测试防火封堵组件在受火前后的真空度，进而判定系统的密闭性。

（5）其他性能参数研究

防火封堵系统组件作为分隔系统的一部分，应满足隔声性能的相关要求，现行国家标准《民用建筑隔声设计规范》GB 50118 对各类房间隔墙、楼板的隔声标准进行了规定。

此外，耐消防射水冲击也是封堵组件性能的一种体现。目前，国内对耐消防射水冲击无明确要求。而美国主要参考了《贯穿型防火封堵材料耐火试验方法》ASTM E814 对消防射水的具体试验要求。以避难间为例，为保证其在火灾扑救过程中，仍满足结构的完整性，应对防火封堵组件进行消防射水冲击试验，以判断是否能承受消防射水冲击。按照《贯穿型防火封堵材料耐火试验方法》ASTM E814 的要求，避难间隔墙防火封堵构件应能通过 0.27min/m^2 的消防射水试验，水压条件 30psi（折算为 207kPa），距测试物 6.1m。

4.3　防火封堵的工程设计

4.3.1　防火封堵应用范围

防火封堵技术的出现和发展是出于工程需要。首先，从实现建筑功能和用途的应用需求看，在建筑中，为满足供电需求，电缆线路常会有穿越防火分隔（墙体、楼板）的需要，如图 4-18 所示。此时，在被贯穿体上会预先留下孔洞，待后期电缆线路敷设完毕后加以填塞、封堵和密实。

电缆防火封堵应用范围可根据贯穿孔口位置进行划分，常见有以下几种：

（1）电缆（线）穿越防火分区时，在相应的防火分隔构件上（如防火墙等）预留贯穿孔口。

（2）电缆（线）沿竖井垂直敷设穿越楼板处以及电缆井与房间、走道等相连通处需预留贯穿孔口。

（3）电缆沟、电缆（线）间的隔墙上预留贯穿孔口。

（4）电缆（线）穿越建筑物外墙处预留贯穿孔口。

（a）电缆竖井防火封堵 　　　　（b）电缆沟防火封堵 　　　　（c）电缆穿越隔墙防火封堵

图 4-18 　建筑中的各类电气线路防火封堵

（5）电缆（线）至建筑物入口处，或至配电间、控制室的沟道入口处预留贯穿孔口。

（6）电缆（线）引至电器柜或控制屏、台留有贯穿孔口。

为保证防火分区和防火分隔的完整有效性，上述部位均需进行防火封堵处理。其次，从电气防火的保护需求来看，随着电缆（线）阻燃、耐火技术的发展，在一定温度范围内，虽然已经实现延缓材料热解过程、提高自燃点的目标，但是，阻燃剂的添加使用，也带来了产烟率和毒性气体增加的危害。在火灾发展过程中，当阻燃剂消耗殆尽后，常常会引起更加强烈的燃烧。电缆线路防火封堵的重要意义正在于此，即在电气火灾发生后，能够有效避免电缆线路贯穿孔口成为烟气、火焰穿越相邻防火分区的突破口，阻止火势沿敷设方向持续蔓延，将火势最大限度地控制在一定范围。

4.3.2　电缆贯穿孔口防火封堵分类

根据现行行业标准《建筑防火封堵应用技术规程》CECS 154 规定，贯穿孔口封堵材料的选择应综合考虑贯穿物种类和尺寸、贯穿孔口、被贯穿物的种类等因素。

贯穿孔口按贯穿物类别可划分为四种类型：

（1）金属管贯穿孔口。

（2）可燃性贯穿孔口。

（3）风管贯穿孔口。

（4）管道空开口。

贯穿孔口按被贯穿物类别可划分为四种类型：

（1）钢筋混凝土楼板洞及竖井贯穿孔口。

（2）钢筋混凝土及砌体防火墙贯穿孔口。

（3）轻质隔墙贯穿孔口。

（4）玻璃隔断贯穿孔口。

图 4-19 为圆形孔口和方形孔口示意图。圆形孔口适用于管道贯穿隔墙孔口电缆（束）；方形孔口适用于金属槽盒或电缆桥梁敷设穿墙等方式。

图 4-20 为水平贯穿和垂直贯穿示意图。水平贯穿主要指穿越隔墙、防火门等与之平行的防火分隔构件。垂直贯穿是指横向穿越楼板等竖直方向防火分隔构件。

敷设情况有单层敷设和叠层敷设，如图 4-21 所示。而通信电缆由于其在信息传输时会按照顺序排列，常叠层敷设；电气电缆则由于考虑到电磁干扰等因素，一般采用单层敷设且电缆之间有一定间距。

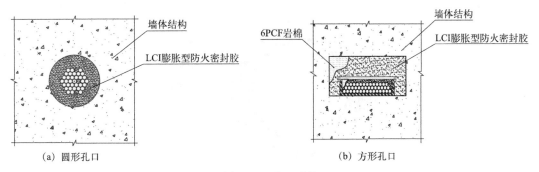

图 4-19　孔口形状

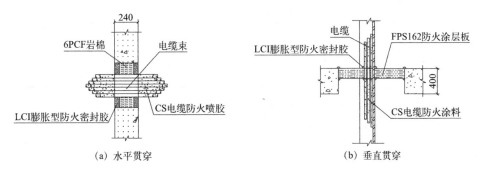

图 4-20　贯穿方式

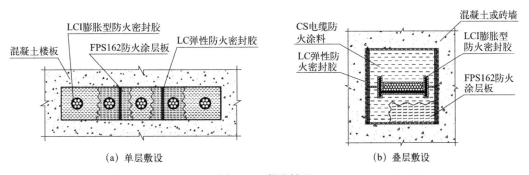

图 4-21　敷设情况

4.4　防火槽盒的设计原则及其在电缆隧道中的应用

4.4.1　隔离型分支电缆结构特性

（1）结构特点

1）主电缆与分支电缆结构

主电缆结构层由内到外包括绞合铜导体、矿物绝缘层、金属护套层、齿形隔离套、防火层、护套层，如图 4-22 所示，各结构层物质组成如表 4-7 所示。

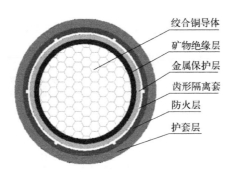

图 4-22　主电缆结构图

主电缆各结构层物质组成　　　　　　　　　　　　　　　　表 4-7

结构层名称	绞合铜导体	矿物绝缘层	金属保护层	齿形隔离套	防火层	护套层
物质组成	铜	陶瓷化耐火复合带、复合云母带	铝	交联聚乙烯	氢氧化镁、氢氧化铝混合物	低烟无卤聚烯烃

分支电缆结构层由内到外包括绞合铜导体、陶瓷化耐火复合带、复合云母带、交联聚乙烯、低烟无卤聚烯烃护套。

2）隔离型分支电缆连接处整体结构

隔离型分支电缆连接处整体分为内、外两部分，内部为主电缆与分支电缆线芯接触部分，外部为保护结构，整体结构如图 4-23。

在分支连接处，主电缆与分支电缆的导体通过铜质 C 形夹直接压制连接，导体部分直接接触，在裸露导体处绕包陶瓷化耐火复合带，起到绝缘与耐火保护作用。

外部保护结构为铝合金材质分支电缆盒，并在分支电缆盒外采用陶瓷化耐火复合带进行耐火防护。

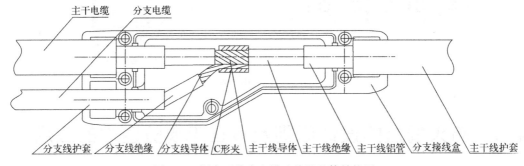

图 4-23　隔离型分支电缆连接处整体结构图

（2）基本特性

隔离型分支电缆是隔离型矿物绝缘耐火电缆的分支形式，具有以下特性：

1）主电缆与分支电缆均为隔离型矿物绝缘耐火电缆，能够满足英国标准《在着火状态下能保证电路工作的电缆的性能要求》BS 6387 中 C、W、Z 的耐火要求，在火灾情况下能持续供电 180min。

2）主电缆结构中无机材料和耐火绝缘材料的导热系数小、散热性能好，相同截面下该电缆载流量大于有机绝缘电缆载流量，载流量安全余量大。

3）在供配电形式上具有分支电缆的先进性，可简化配电级数，供电可靠性强。

4）采用分支电缆盒对分支电缆连接处进行保护，且分支电缆盒外采用陶瓷化耐火复合带保护，在承受机械振动及防水方面性能良好。

耐火材料选择：

耐火电缆中耐火层材料是电缆结构中最重要的部分，决定了电缆的耐火性能。隔离型分支电缆中采用的耐火材料包括复合云母带以及陶瓷化耐火复合带。

1）复合云母带

主电缆与分支电缆线芯外绕包氟金云母带作为耐火材料。云母带具有介电强度高、损耗小、耐热性能好的优点，广泛应用于电气绝缘领域。火灾情况下，云母带能够使电缆保持耐火性能与绝缘性能。氟金云母带为复合云母带，各方面性能均优于金云母带和白云母带。

2）陶瓷化耐火复合带

分支电缆连接处选用陶瓷化耐火复合带进行绝缘与耐火保护，同时隔离型矿物绝缘耐火分支电缆的主电缆和分支电缆结构层中均有陶瓷化耐火复合带，分支电缆盒外绕包陶瓷化耐火复合带进行保护。

陶瓷化耐火复合带属于快速陶瓷化耐火材料。常温下为柔软的带状物，电气绝缘性能好，可作为电缆绝缘层材料；受到高温火焰作用时，基体材料硅橡胶分解产生大量二氧化硅，最终形成坚硬的陶瓷状物体，具备陶瓷良好的耐热、绝缘性能，可以有效阻隔火焰热量。其瓷化程度与受火作用时间和火焰温度都有关系。

陶瓷化耐火复合带的长期工作温度为$-70℃\sim200℃$，在环境温度超过$350℃$时开始变硬。

另外，隔离型矿物绝缘耐火分支电缆的主电缆的隔离层采用氢氧化镁与氢氧化铝的混合物进行填充，受热可分解为水与相应的氧化物，水蒸气可以带走一部分热量，并且起到隔氧作用，同时分解得到氧化物成壳附着在铝管上，可增强主电缆的耐火性能。

4.4.2　隔离型分支电缆连接处温度影响因素分析

（1）热量传递基本方式

1）热传导

热传导是单一物体各部分无相对位移或不同物体直接接触的情况下，通过分子、原子等微观粒子的热运动进行热量传递，是宏观整体上的热传递方式，研究对象的几何尺寸应远大于微观粒子直径和粒子间距离。

热传导规律用傅里叶定律进行表示，傅里叶定律表征的是热流矢量与温度梯度的关系，表达式为式（4-1）。

$$q = -\lambda \mathrm{grad}t \, (\mathrm{W/m^2}) \tag{4-1}$$

式中，q 为热流矢量，$\mathrm{grad}t$ 为温度梯度，表示不同等温面之间法线上温度变化率数值最大的矢量，λ 表示物质的导热系数，单位为 $\mathrm{W/(m \cdot K)}$，表示物质导热能力，不同物质的导热系数不同，单一物质的导热系数与温度、厚度等有关。

2）热对流

热对流是只依靠流体的宏观运动进行热量传递的传热方式。在工程中常见的热量传递过程是对流换热，不同温度的流体与固体壁面间互相接触发生热量交换实现热量传递。对流换热热量传递过程复杂，影响因素多，包括流体的运动状态、流体物性、壁面的几何参数等。对流换热过程中热流密度采用牛顿冷却公式计算，如式(4-2)所示。

$$q = h(t_w - t_f)(\mathrm{W/m^2}) \tag{4-2}$$

式中，t_w 为壁面温度，t_f 为流体温度，h 为表面换热系数，单位为 $\mathrm{W/(m^2 \cdot K)}$，用来表征对流换热过程的强弱程度。

3）热辐射

热辐射是指由物体自身温度变化或热运动激发产生电磁波，进行能量传递的过程。辐射换热是指物体间热量传递方式为热辐射的换热方式。当物体与周围环境温度相同时，物体处于热量动态平衡状态，辐射换热过程在不间断地进行中，物体辐射出去的能量与吸收的能量相等。

热辐射的特点一是辐射换热过程中未发生物体接触，二是辐射换热过程包括两次能量转换过程。

辐射力是指物体表面每单位时间、单位面积对外辐射的热量，其受物体表面性质与温度的影响。温度相同的条件下，所有物体中黑体的辐射力最强，可以吸收全部的外来射线。黑体的辐射力可用斯蒂芬-波尔茨曼定律表示，如式(4-3)所示。

$$E_b = \sigma_b T^4 (\mathrm{W/m^2}) \tag{4-3}$$

式中，E_b 为黑体辐射力，σ_b 为斯蒂芬-波尔茨曼常量，T 为黑体表面的热力学温度。实际物体的辐射力由斯蒂芬-波尔茨曼公式修正公式计算得出，如式(4-4)所示。

$$E_b = \varepsilon \sigma_b T^4 (\mathrm{W/m^2}) \tag{4-4}$$

式中，ε 是指实际物体表面的发射率，大小在 $0 \sim 1$ 范围内。

（2）隔离型分支电缆连接处热量传递过程

热量传递方式包括热传导、热对流、热辐射，实际传热过程中，一般是两种以上传热方式共同作用。隔离型分支电缆连接处的分支电缆盒内空间狭小，结构紧凑，各部分之间相互接触，热量传递过程包括线芯导热及各部分之间接触导热。分支电缆盒表面与周围环境之间的热量传递方式包括热对流与热辐射。

（3）三维导热模型建立

根据上节分析，分支电缆连接处的传热方式为分支电缆盒内部为热传导，分支电缆盒表面为热辐射与热对流，基于传热学基本理论，建立隔离型分支电缆连接处三维导热微分方程，如式(4-5)所示。

$$\rho c \frac{\partial T}{\partial \tau} = \frac{\partial}{\partial x}\left(\lambda_x \frac{\partial T}{\partial x}\right) + \frac{\partial}{\partial y}\left(\lambda_y \frac{\partial T}{\partial y}\right) + \frac{\partial}{\partial z}\left(\lambda_z \frac{\partial T}{\partial z}\right) + q_v \tag{4-5}$$

式中，λ_x，λ_y，λ_z 分别为电缆材料在 x，y，z 方向的导热系数，单位为 $\mathrm{W/(m^2 \cdot K)}$；q_v 为线芯发热造成的损耗，单位为 W；ρ 为电缆材料密度，单位为 $\mathrm{kg/m^3}$；c 为电缆材料比热，单位为 $\mathrm{J/(kg \cdot ℃)}$；$\rho c \frac{\partial T}{\partial \tau}$ 为电缆微元体吸收热量而增加的内能，$\frac{\partial}{\partial x}\left(\lambda_x \frac{\partial T}{\partial x}\right) + \frac{\partial}{\partial y}\left(\lambda_y \frac{\partial T}{\partial y}\right) + \frac{\partial}{\partial z}\left(\lambda_z \frac{\partial T}{\partial z}\right)$ 为微元体在不同方向上导入、导出的热量，q_v 为微元体自身产热。

在不同情况下，式(4-5)的形式可进行适当转换。

1）当导热系数为常数时，即电缆材料各向同性时，式(4-5)可简化为式(4-6)。

$$\rho c \frac{\partial T}{\partial \tau} = \lambda \left(\frac{\partial^2 T}{\partial x^2} + \frac{\partial^2 T}{\partial y^2} + \frac{\partial^2 T}{\partial z^2} \right) + q_v \tag{4-6}$$

2）电缆微元体内不存在内热源，即损耗为零时，式(4-5)可简化为式(4-7)。

$$\rho c \frac{\partial T}{\partial \tau} = \frac{\partial}{\partial x} \left(\lambda_x \frac{\partial T}{\partial x} \right) + \frac{\partial}{\partial y} \left(\lambda_y \frac{\partial T}{\partial y} \right) + \frac{\partial}{\partial z} \left(\lambda_z \frac{\partial T}{\partial z} \right) \tag{4-7}$$

3）当导热系数为常数，且微元体内不存在内热源时，式(4-5)可简化为式(4-8)。

$$\rho c \frac{\partial T}{\partial \tau} = \lambda \left(\frac{\partial^2 T}{\partial x^2} + \frac{\partial^2 T}{\partial y^2} + \frac{\partial^2 T}{\partial z^2} \right) \tag{4-8}$$

4）电缆在稳定运行一段时间后，内部发热量与表面散热量相等，处于热量平衡状态，式(4-5)可简化为式(4-9)。

$$\frac{\partial}{\partial x} \left(\lambda_x \frac{\partial T}{\partial x} \right) + \frac{\partial}{\partial y} \left(\lambda_y \frac{\partial T}{\partial y} \right) + \frac{\partial}{\partial z} \left(\lambda_z \frac{\partial T}{\partial z} \right) + q_v = 0 \tag{4-9}$$

根据电缆在运行过程中的热量传递特征，确定其边界条件如式(4-10)所示。

$$\begin{cases} T|_{t=0} = T_0 \\ \left(-\lambda_n \dfrac{\partial T}{\partial n} \right) \partial\Omega = h(T_w - T_f) \end{cases} \tag{4-10}$$

式(4-10)中，h 为表面换热系数，包括对流换热与辐射换热，单位为 $W/(m^2 \cdot K)$；λ_n 为边界法线方向导热系数，单位为 $W/(m^2 \cdot K)$；$\partial\Omega$ 为计算区域边界范围；T_0、T_w、T_f 分别为初始时刻分支电缆连接处温度、某时刻分支电缆连接处表面温度和环境温度，单位为 K。

式(4-5)和式(4-10)为电缆运行过程中三维导热数学模型；式(4-9)和式(4-10)为电缆运行过程中三维稳态导热数学模型。

（4）边界条件

分支电缆连接处的热量传递过程与电缆材料的导热系数、表面换热系数以及环境因素有关，因此可确定边界条件。

1）内热源

隔离型分支电缆的主电缆与分支电缆结构层中均不包括金属铠装，内热源由于通电时导线线芯自身电阻发热产生，单位长度金属导体发热量可用式(4-11)计算。

$$q_v = I^2 R \tag{4-11}$$

式(4-11)中，I 为导体通过电流大小，单位为 A；R 为单位长度导体电阻大小，单位为 Ω。

电缆缆芯电阻可根据式(4-12)进行计算。

$$R = R_0 \times [1 + \alpha_{20}(T - 20)]$$
$$= \frac{\rho}{A} \times [1 + \alpha_{20}(T - 20)] \tag{4-12}$$

式(4-12)中，R_0 为环境温度 20℃时导体线芯的直流电阻大小，单位为 Ω；A 为线芯截面积大小，单位为 m^2；ρ 为导体线芯电阻率，单位为 $\Omega \cdot m$；α_{20} 为 20℃时材料温度系数；T 为导体工作温度，单位为℃。

2）表面换热系数

分支电缆连接处与外界之间通过热对流与热辐射进行热量传递，由式(4-13) 计算。

$$Q = Q_{rad} + Q_{conv}$$
$$= 2\pi rh(T_w - T_f) + 2\pi r\varepsilon\delta[(T_w + 273)^4 - (T_f + 273)^4] \quad (4-13)$$

式(4-13) 中，Q 为单位时间内总换热量，单位为 W；Q_{rad} 为单位时间辐射换热热量，单位为 W；Q_{conv} 为单位时间对流换热量，单位为 W；h 为对流换热系数，单位为 W/(m²·℃)；r 为电缆半径，单位为 m；ε 为辐射率；δ 为斯蒂芬-波尔茨曼常数。

分支电缆连接处线芯接触处 C 形夹压制部位可近似看作圆柱形，常温常压下圆柱形物质的对流换热系数采用式(4-14) 计算。

$$h = 1.32\left(\frac{T_w - T_f}{D}\right)^{\frac{1}{4}} \quad (4-14)$$

式(4-14) 中，D 为分支电缆连接处外径，单位为 mm；T_w、T_f 分别为分支电缆表面温度和周围环境温度，单位为 K。

(5) 电发热影响因素

电缆运行中由于导体损耗而发热，电发热使金属导体与周围介质温度升高，加速绝缘材料老化，在超过老化温度后，失去绝缘能力，从而引发火灾事故。隔离型分支电缆连接处导体接触部分在电流流过时会产生邻近效应，使分支电缆连接处存在额外的附加损耗，发热量大，并且分支电缆盒处形成腔室结构，导致热量聚集。电发热对分支电缆连接处的影响主要体现在导体接触部分性能与绝缘材料性能两方面。

1）导体接触部分性能

主电缆与分支电缆线芯接触区域内存在附加接触电阻。电发热加剧导体接触面氧化程度，增大接触电阻，形成恶性循环，最终造成分支电缆连接结构破坏，严重可造成局部过热导致火灾。

2）绝缘材料性能

绝缘材料的绝缘性能受温度影响，不同材料的耐热温度不同。绝缘材料的耐热温度是指该类材料所能承受而不使其机械特性和电气特性降低的最高工作温度。温度升高会使绝缘材料老化过程加速。分支电缆连接处电发热量增加会对陶瓷化耐火复合带的绝缘性能产生影响，可能使其在未达到瓷化温度前失去绝缘能力。

(6) 外热源影响因素

隔离型分支电缆连接处存在外部热源时，火焰作用在分支电缆盒上可能会造成保护结构破坏，内部线芯温度升高。外热源的影响主要体现在分支电缆连接处保护结构、耐火绝缘材料性能及导体性能三个方面。

1）分支电缆连接处保护结构

分支电缆连接处的保护结构包括分支电缆盒与盒外绕包的陶瓷化耐火复合带。在外部火源作用下，陶瓷化耐火复合带会瓷化成壳包覆在附近弯曲上，起到一定的隔热作用。而分支电缆盒的材质为铝合金，熔点为 660℃，如果受热熔融造成保护结构破坏会使分支电缆连接处导体短路，中断供电。

2) 耐火绝缘材料性能

分支电缆连接处线芯外绕包的陶瓷化耐火复合带为连接处导体的耐火绝缘材料。外部火源会导致分支电缆盒内部温度升高，而陶瓷化耐火复合带的瓷化程度与温度相关，瓷化越完全则耐热性能越好。如果内部温度未达到其瓷化温度，应按照绝缘材料的短时允许温度进行考虑。

3) 导体性能

通电导体长期处于高温环境中，会慢性退火，丧失机械强度，硬铜的退火温度为300℃。隔离型分支电缆采用铜导体，在分支电缆连接处外部受火时，如果线芯温度达到300℃以上会失去机械强度，在受到冲击时会产生变形或造成破坏，主要依靠分支电缆盒的保护。而且外部火源造成分支电缆连接处温度升高，接触电阻变大，产生恶性循环，长时间作用可能会导致短路，中断供电。

4.4.3　分支电缆连接处耐火试验标准选择

(1) 试验标准

耐火电缆的性能测试试验一般为单根电缆水平燃烧试验，国际上相关的试验标准主要是英国标准《在着火状态下能保证电路工作的电缆的性能要求》BS 6387 和 IEC 标准《电缆在着火状态下的试验》IEC 60331。其中《在着火状态下能保证电路工作的电缆的性能要求》BS 6387 中规定耐火电缆试验类型包括耐火试验、耐水火试验及耐机械振动和火试验，各试验参数如表 4-8 所示；《电缆在着火状态下的试验》IEC 60331 中包括耐火试验和耐冲击火试验。对比两者中规定的试验条件，《在着火状态下能保证电路工作的电缆的性能要求》BS 6387 中试验火源温度高，供火时间长，且根据实际火灾情况设置对应试验类型，严格且符合实际情况。

《在着火状态下能保证电路工作的电缆的性能要求》BS 6387 中耐火电缆测试试验参数　表 4-8

试验参数	耐火试验	耐水火试验	耐机械振动和火试验
电缆长度(mm)	1200	1500	1200
燃烧器形式	610mm 长管式	400mm 长条状	400mm 长条状
燃气	丙烷	丙烷	丙烷
温度(℃)	650、750、950	650	650、750、950
时间	3h、20min	试验 30min、喷水 15min	15min
喷头喷水量(L/m²)	—	0.25～0.30	—
合格条件	保险丝未断裂及没有任何灯熄灭		

我国现行的耐火电缆试验标准为《在火焰条件下电缆或光缆的线路完整性试验》GB/T 19216，试验方法等采用《电缆在着火状态下的试验》IEC 60331 中规定，包括火源温度不低于 750℃ 的单独供火试验和火源温度不低于 830℃ 的供火和施加冲击试验，试验装置与《在着火状态下能保证电路工作的电缆的性能要求》BS 6387 规定相似，采用带状燃烧器供火。

(2) 试验标准选择

《在火焰条件下电缆和光缆的线路完整性试验》GB 19216 和《电缆在着火状态下的试验》IEC 60331 对耐火电缆的判据为电缆在火焰条件下燃烧并保持线路完整性。线路完整性是指电缆在规定的火源和时间下燃烧时能持续地在指定状态下运行的能力，火焰造成的结构与护套破坏并不重要。《在着火状态下能保证电路工作的电缆的性能要求》BS 6387考察的是电缆在火灾条件下保持电路完整性和长时间持续工作的性能，根据实际火灾情况提出不同火焰温度、喷水和机械冲击条件下的试验判据，适用于需要在火焰条件下指定时间内保持电路完整性的配电线路。

综上所述，火焰温度750℃考察的是电缆线路完整性，950℃考察的是电路完整性。

在对分支电缆连接处进行耐火性能测试试验时，试验方法参照《在着火状态下能保证电路工作的电缆的性能要求》BS 6387中C方案，火源温度选择750℃和950℃，时间分别为90min和180min。

4.5 防火包带的性能特点及使用要求

耐火电缆的判定准则为在火灾情况下保持持续供电的能力，各个电缆耐火性能燃烧试验标准中给出的耐火性能判据均为：在试验过程中，电缆保持持续通电且没有熔断器或断路器断开且没有灯泡熄灭。但是根据试验结果，隔离型分支电缆连接处不能进行带载试验，即不能通过以上判定准则对分支电缆连接处的耐火性能进行判定。

根据分支电缆连接处在外热源作用下内部温度分布情况对其耐火性能进行判定，即分支电缆连接处缆芯温度小于某一温度值时，判定其具有耐火性能。按照实际火灾中情况进行考虑，在电缆集中敷设的电缆隧道、电缆井中发生火灾时为规模火，而室内空间火灾轰燃温度为600℃，所以规模火的温度应在600℃以上，可认为600℃为临界危险温度，且分支电缆盒的熔点为660℃，如果分支电缆盒受到破坏，内部分支电缆连接处可能会发生短路，导致不能工作，所以选择600℃为隔离型分支电缆耐火判定温度。

基于以上两点，分支电缆连接处耐火性能判定准则为：（1）试验过程中，分支电缆缆芯处温度不高于600℃。（2）试验过程中分支电缆连接处整体结构不发生破坏。

4.5.1 试验工况与类型

（1）试验工况

根据有效影响因素设计试验工况，如表4-9所示。

试验工况 表4-9

工况	保护材料厚度(mm)		保护结构	火源温度(℃)	防火保护材料	试验时间(h)
	外壳	连接处				
1	—	0.2	无	750	陶瓷化耐火复合带	1.5
2	—	0.4	无	750	陶瓷化耐火复合带	1.5
3	—	0.6	无	750	陶瓷化耐火复合带	1.5
4	—	0.8	无	750	陶瓷化耐火复合带	1.5
5	—	1.0	无	750	陶瓷化耐火复合带	1.5
6	—	1.2	无	750	陶瓷化耐火复合带	1.5
7	—	0.6	无	950	陶瓷化耐火复合带	3
8	—	0.8	无	950	陶瓷化耐火复合带	3
9	—	1.0	无	950	陶瓷化耐火复合带	3
10	—	1.2	无	950	陶瓷化耐火复合带	3

工况	保护材料厚度(mm)		保护结构	火源温度(℃)	防火保护材料	试验时间(h)
	外壳	连接处				
11	—	1.4	无	950	陶瓷化耐火复合带	3
12	0.2	1.2	有	950	陶瓷化耐火复合带	3
13	0.4	1.2	有	950	陶瓷化耐火复合带	3
14	0.6	1.2	有	950	陶瓷化耐火复合带	3
15	0.2	0.4	有	750	陶瓷化耐火复合带	1.5
16	0.4	0.4	有	750	陶瓷化耐火复合带	1.5
17	0.6	0.4	有	750	陶瓷化耐火复合带	1.5
18	0.2	1.2	有	950	复合云母带	3
19	0.4	1.2	有	950	复合云母带	3
20	0.6	1.2	有	950	复合云母带	3

（2）试验类型

根据试验影响因素，可将试验工况分为四种，分别为：不同耐火材料保护厚度的试验、分支电缆连接处保护结构完整性的试验、不同火源温度的试验、不同防火保护材料的试验。

1）不同耐火材料保护厚度的试验

该类型试验包括工况1～11。工况1～6为无保护外壳，在火源温度750℃条件下改变保护材料厚度，工况7～11中火源温度为950℃。根据耐火性能判据确定这两种火源温度下防火保护材料的临界厚度。

2）分支电缆连接处保护结构完整性的试验

该类型试验包括工况12～17。工况12～14是在火源温度950℃条件下改变分支电缆盒上保护材料厚度，工况15～17中火源温度为750℃。试验样品内部分支电缆缆芯连接处包裹的防火保护材料厚度是根据工况1～6与工况7～11确定的对应防火保护材料临界厚度。

3）不同火源温度的试验

试验中设计的火源温度为750℃与950℃，750℃为《在火焰条件下电缆或光缆的线路完整性试验》GB 19216规定的火源温度，950℃为《在着火状态下能保证电路工作的电缆的性能要求》BS 6387中规定的火源温度，可对应不同等级耐火电缆。其中工况3和7、4和8、5和9、6和10为不同火源温度对比试验对应工况。

4）不同防火保护材料的试验

该类型试验包括工况12～14与工况18～20。其中工况12～14的防火保护材料为陶瓷化耐火复合带，工况18～20的防火保护材料为传统耐火材料复合云母带。通过对比试验数据，分析陶瓷化耐火复合带的耐火性能。

4.5.2　试验过程

按照试验类型进行试验过程说明，其中不同火源温度试验工况为交叉对比，在其他试验类型中已有具体说明，所以对不同火源温度的试验过程不进行单独说明。

（1）不同耐火材料保护厚度的试验

1）火源温度 750℃

对无外壳保护的分支电缆连接处在 750℃火源温度下进行燃烧试验研究，试验中改变分支电缆连接处绕包的陶瓷化耐火复合带厚度，为试验工况 1～6。

各个工况中的试验过程及试样受火状态相似，试验前试验试样如图 4-24 中（a）所示。试验开始后，试验试样在受火后外面绕包的陶瓷化耐火复合带迅速瓷化，电缆其余未受火部分未产生延燃现象，试验过程如图 4-24（b）所示。

试验结束后，已瓷化耐火复合带上附着碳粒子变黑，如图 4-24（c）～（d）所示，这是由于火焰温度为 750℃时，火源气体中丙烷比重较大，不完全燃烧产生大量碳粒子。对试验试样进行解剖处理，分支电缆连接处未受影响，主电缆受火部分防火层固化成壳状，铝管完好，分支电缆受火部分最外层云母带发生脆化，内层陶瓷化复合带受火瓷化，如图 4-24（e）所示。图 4-24（f）为陶瓷化耐火复合带瓷化后状态。

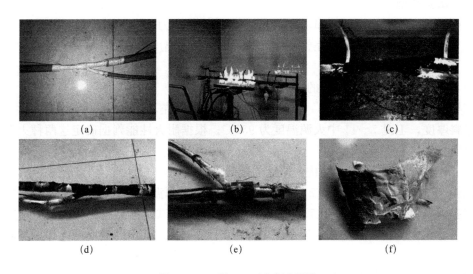

图 4-24　工况 1～6 试验过程图

2）火源温度 950℃

对无外壳保护的分支电缆连接处在 950℃火源温度下进行燃烧试验研究，试验中改变分支电缆连接处绕包的陶瓷化耐火复合带厚度，所对应的试验工况为工况 7～11。

各工况试验过程及试验受火情况相似，如图 4-25 所示，试验前试验试样如图 4-25（a）所示。试验开始后，陶瓷化耐火复合带直接受到火焰作用，迅速瓷化成壳，形成保护层紧密包覆在分支电缆连接处，电缆其余未受火部分未有延燃现象发生，试验过程如图 4-25（b）所示。

试验结束后，瓷化后的耐火复合带为白色，如图 4-25（c）和（d）所示，由于火源温度为 950℃时，气源中空气比重增加，丙烷比重减少，燃烧产生的碳粒子较少。对试验试样进行解剖，去除外部瓷化耐火复合带，如图 4-25（e）所示，内部分支电缆连接处部分未受影响，主电防火层固化成壳，铝管部分完好，分支电缆陶瓷化耐火复合带受热瓷化。图 4-25（f）为陶瓷化耐火复合带受热瓷化后的状态。

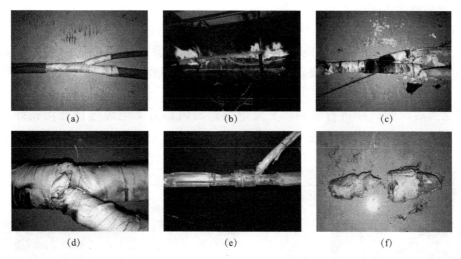

图 4-25　工况 7～11 试验过程图

（2）分支电缆连接处保护结构完整性的试验

1）火源温度 950℃

试验工况 12～14 试验过程如图 4-26 所示。

试验开始后，分支电缆盒外包裹的热收缩套迅速受热燃烧并熔融滴落，陶瓷化耐火复合带直接受火焰作用，并迅速瓷化，形成壳状紧包分支电缆盒，在后续受火作用过程中未有其他变化。未受火焰直接作用的主电缆与分支电缆部分未发生延燃现象。试验过程如图 4-26（a）所示。

试验结束后，由图 4-26（b）可以看出，陶瓷化耐火复合带在受火后形成白色瓷化体覆盖于分支电缆盒上，将其去除后，金属材质分支电缆盒保存完好，未受到破坏，如图 4-26（c）和（d）。拆解分支电缆盒，内部分支电缆连接处外包的陶瓷化耐火复合带并未瓷化，分支电缆连接处完好，如图 4-26（e）和（f）所示。

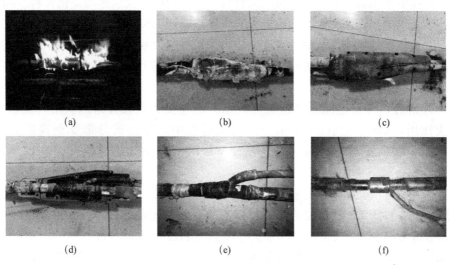

图 4-26　工况 12～14 试验过程图

2) 火源温度 750℃

工况 15～17 试验过程如图 4-27 所示。

工况 15～17 的试验过程与上述工况 12～14 试验过程相似，由于火源温度较低，气源中丙烷比重大，燃烧产生碳粒子多，导致陶瓷化耐火复合带上附着碳粒子变黑。

对受火后试验试样进行解剖，分支电缆盒与内部分支电缆连接处均完好，未受破坏。

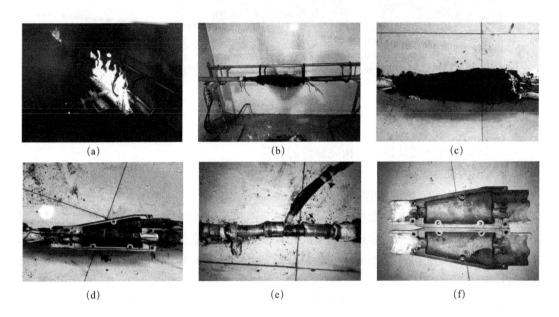

（a） （b） （c）

（d） （e） （f）

图 4-27 工况 15～17 试验过程图

（3）不同防火保护材料的试验

耐火电缆中常用耐火材料有无机耐火材料、复合云母带及快速陶瓷化材料。隔离型分支电缆连接处采用陶瓷化耐火复合带进行耐火保护，因无机耐火材料一般为粉末状，无法用于分支电缆连接处保护，故只考虑改变防火保护材料为复合云母带情况，改变复合云母带厚度，与陶瓷化耐火复合带进行对比，所对应的试验工况为工况 18～20，试验过程如图 4-28 所示。

试验开始后，分支电缆盒外包裹热收缩套迅速受火点燃并熔融滴落，复合云母带直接受火作用，如图 4-28（b）所示。在试验过程中，复合云母带受到高温火焰作用脆化导致绕包效果松散，不同厚度复合云母带的试验中均出现内部分支电缆盒金属熔融滴落现象。

试验结束后对试验试样进行解剖处理，复合云母带受到火焰作用后脆化，导致包裹松散，如图 4-28（c）所示。去除复合云母带后，分支电缆盒均有不同程度的金属熔融情况，其中复合云母带厚度为 0.2mm 时，分支电缆盒受到破坏较大，如图 4-28（d）和（e）所示。内部的分支电缆连接处由陶瓷化耐火复合带保护，没有受到破坏，如图 4-28（f）所示。

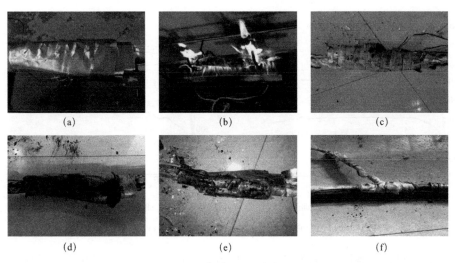

| (a) | (b) | (c) |
| (d) | (e) | (f) |

图 4-28　工况 18～20 试验过程图

4.5.3　试验数据分析

（1）耐火材料保护厚度的影响

1）火源温度 750℃

工况 1～6 试验数据分析：

工况 1～6 中隔离型分支电缆连接处的各测温点温度分布曲线图如图 4-29 所示。

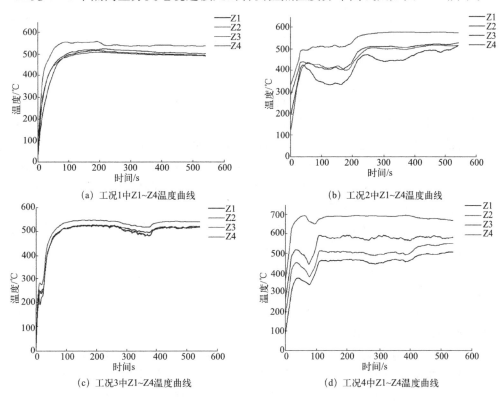

图 4-29　工况 1～6 中隔离型分支电缆连接处的各测温点温度分布曲线图（一）

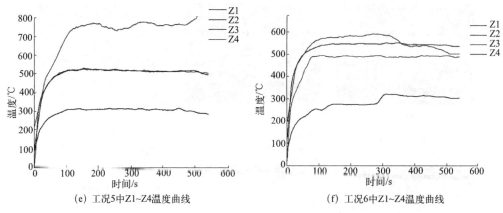

(e) 工况5中Z1~Z4温度曲线　　　　　　(f) 工况6中Z1~Z4温度曲线

图 4-29　工况 1~6 中隔离型分支电缆连接处的各测温点温度分布曲线图（二）

由图 4-29 可得，各测温点温度在试验开始后迅速上升，在 1000s 左右达到热量传递平衡状态，各曲线变化趋势相似。

各工况中，曲线 Z1~Z3 温度峰值均在 500℃ 左右，说明陶瓷化耐火复合带受热瓷化后具有良好的隔热作用。其中曲线 Z1 温度最低，Z1 表示金属缆芯处温度，由陶瓷化耐火复合带进行保护，C 形夹两侧缆芯外包有复合云母带与陶瓷化耐火复合带进行保护，应具有更好的隔热效果，且金属材料导热快，所以在相同厚度的陶瓷化耐火复合带的保护下，C 形夹处的温度低于两侧复合云母带处的温度，即曲线 Z1 的温度低于曲线 Z2 与 Z3 的温度。

曲线 Z4 表示分支电缆处的温度，其在升温阶段温升速率大于其他三条曲线，且 Z4 的温度峰值大于其他曲线，这是由于试验试样受热后内部结构层及电缆纵向同样存在热量传递，分支电缆结构层中没有无机耐火材料构成的防火层，热量更容易传递，且分支电缆与主电缆位置相近，会形成交叉辐射。

工况 1~6 试验数据对比分析：

绘出工况 1~6 各测温点试验数据对比图，如图 4-30 所示。

由图 4-30 可知，工况 1~6 中对应测温点温度变化趋势相似，各曲线均为试验开始后迅速上升，到达峰值后变化较小，趋于稳定平衡状态，其中有些曲线会受火源波动的影响而产生波动。

由图 4-30(a)，测温点 Z1 的温度变化随着陶瓷化耐火复合带的厚度增大有明显降低趋势。由图 4-30(b) 和 (c)，测温点 Z2 与 Z3 的温度变化与陶瓷化耐火复合带的厚度无明显反比例关系，各个工况中数值相差不大。原因是测温点 Z1 设置在 C 形夹处，位于在 C 形夹与耐火材料中间，可认为温度变化只与耐火材料厚度相关；测温点 Z2 和 Z3 设置在两侧的复合云母带上，复合云母带内为金属线芯，有一定的隔热作用，且测温点 Z3 与 Z4 设置位置可形成交叉辐射，热量传递过程比较复杂，包括多种传热方式，不是由耐火材料厚度单因素决定的。

由图 4-30(d)，测温点 Z4 的温度变化与陶瓷化耐火复合带的厚度无规律性关系，且在各个工况中，Z4 处温度最高。

工况 1~6 中，分支电缆连接处温度均超过 600℃，按照耐火性能判定标准，应取陶瓷化耐火复合带临界厚度为 0.2mm，即一层陶瓷化耐火复合带，考虑到在生产过程中，绕包一层防火材料会出现包裹不完全的情况，故取临界厚度为 0.4mm。

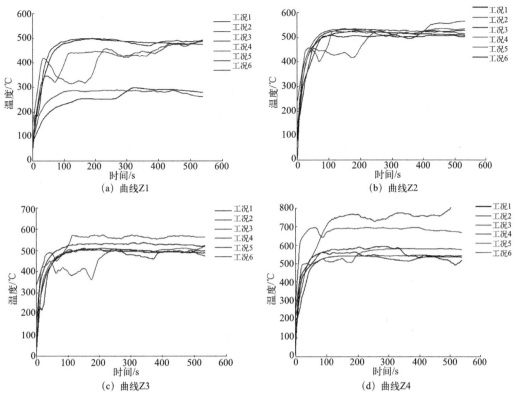

(a) 曲线Z1　　　　　　　　　　(b) 曲线Z2

(c) 曲线Z3　　　　　　　　　　(d) 曲线Z4

图 4-30　工况 1～6 试验数据对比图

2）火源温度 950℃

工况 7～11 试验数据分析：

工况 7～11 为火源温度 950℃条件下改变耐火材料厚度的试验，通过对工况 1～6 的试验数据进行分析，得出临界厚度为 0.4mm，所以火源温度 950℃系列试验中耐火材料起始厚度为 0.6mm，即工况 7 中耐火材料厚度为 0.6mm，后面的工况中依次递增 0.2mm，直到达到生产要求厚度 1.4mm。

图 4-31 为工况 7～11 中隔离型分支电缆连接处的各测温点温度分布曲线图。

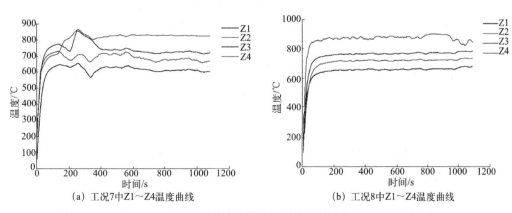

(a) 工况7中Z1～Z4温度曲线　　　　　　(b) 工况8中Z1～Z4温度曲线

图 4-31　工况 7～11 中隔离型分支电缆连接处的各测温点温度分布曲线图（一）

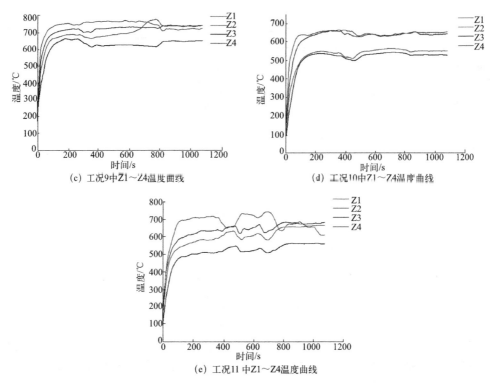

图 4-31　工况 7～11 中隔离型分支电缆连接处的各测温点温度分布曲线图（二）

由图 4-31(a)，各测温点温度在试验开始后迅速上升，在 1000s 左右达到热量平衡状态。各测温点温度峰值相差最大在 200℃左右，由图 4-31 可以看出，各曲线在稳定平衡后，温度由低到高的顺序依次为 Z1、Z2、Z3、Z4，主要是与分支电缆和主电缆的结构不同以及各测温点设置位置处的热量传递过程相关，在工况 1～6 中已进行过分析。

7～11 试验数据对比分析：

绘出工况 7～11 各测温点试验数据对比图，如图 4-32 所示。

由图 4-32，工况 7～11 中各个工况中相对应测温点温度随时间变化趋势相似，均为先上升后趋于稳定。

工况 7～9 中，各对应曲线稳定后数值相似，与耐火材料厚度未呈现相关性；工况 10～11 中，各曲线稳定后数值相似，且低于工况 7～9 中数值。在火源温度为 750℃系列的试验中未表示出相同规律，是由于在 750℃条件下，陶瓷化耐火复合带瓷化程度低于在 950℃条件下的程度，且陶瓷化耐火复合带在受热瓷化后变成硅酸盐类物质，导热系数大大降低，导热系数与材料厚度存在一定负相关性。

工况 7～11 中，工况 10～11 中分支电缆连接处内部温度在 600℃以下，根据耐火性能判定标准，陶瓷化耐火复合带的临界厚度应取为 1.2mm。

（2）保护方式对耐火性能的影响

1）火源温度 950℃

工况 12～14 试验数据分析：

工况 12～14 中隔离型分支电缆连接处的各测温点温度分布曲线，如图 4-33 所示。

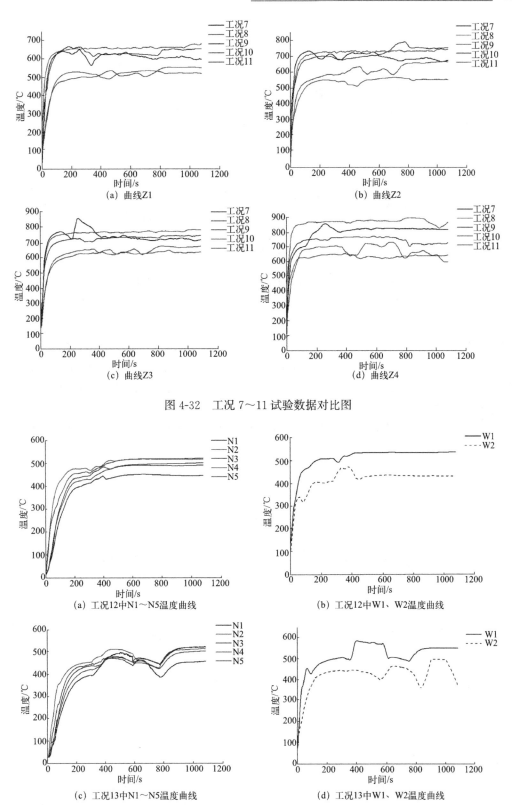

图 4-32　工况 7～11 试验数据对比图

图 4-33　工况 12～14 中隔离型分支电缆连接处的各测温点温度分布曲线图（一）

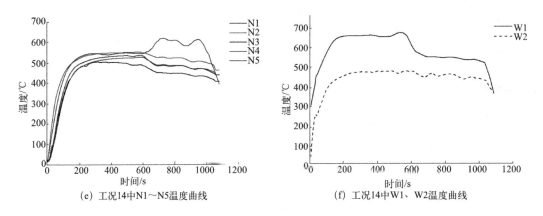

（e）工况14中N1～N5温度曲线　　　　（f）工况14中W1、W2温度曲线

图 4-33　工况 12～14 中隔离型分支电缆连接处的各测温点温度分布曲线图（二）

由图 4-33，在工况 12～14 中，试验开始后测温点温度迅速上升，在 2000s 左右温升速率变慢，而后进入热平衡状态。

由图 4-33(a)(c)(e)可知，各工况中曲线 N1～N5 的峰值在 400～600℃。其中曲线 N1 的峰值最小，是因为测温点 N1 设置于主电缆与分支电缆线芯接触处，外面绕包陶瓷化耐火复合带，相当于设置在最内层，热量较难传递进去；曲线 N2 的温升速率高于其他曲线，由于测温点 N2 设置于主电缆金属铝管上，金属铝的导热性能好，能很快地吸收热量，温度上升快。

图 4-33(b)(d)(f)为各工况中分支电缆盒上温度变化情况，明显看出曲线 W1 位于曲线 W2 上方，即分支电缆盒受火面温度高于背火面温度。

工况 12～14 试验数据对比分析：

绘出工况 12～14 中对应测温点试验数据对比图，如图 4-34 所示，分析分支电缆盒上绕包的陶瓷化耐火复合带厚度对隔离型分支电缆连接处温度场特性的影响，并确定分支电缆盒上耐火材料的合理厚度。

由图 4-34，工况 12～14 中对应测温点温度曲线趋势相似，各测温点热平衡温度随着陶瓷化耐火复合带厚度增加而降低。

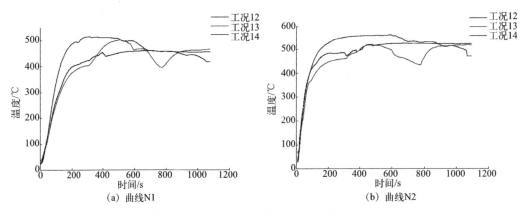

（a）曲线N1　　　　　　　　　　　（b）曲线N2

图 4-34　工况 12～14 试验数据对比图（一）

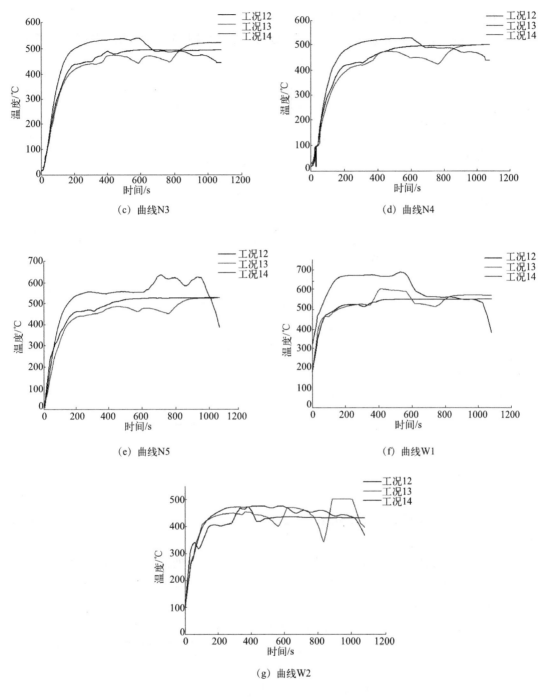

（c）曲线N3

（d）曲线N4

（e）曲线N5

（f）曲线W1

（g）曲线W2

图 4-34　工况 12～14 试验数据对比图（二）

除了工况 14 中的曲线 N5 与曲线 W1 外，各曲线峰值基本在 400～600℃，未超过 600℃，且试验过程中，分支电缆盒保持完好，未出现受热后金属熔融破坏现象。根据耐火性能判定标准，可认为分支电缆盒外绕包的陶瓷化耐火复合带的合理厚度为 0.2mm。

2）火源温度 750℃

工况 15 和工况 17 试验数据分析：

工况 15 和工况 17 中隔离型分支电缆连接处的各测温点温度分布曲线图，如图 4-35 所示。

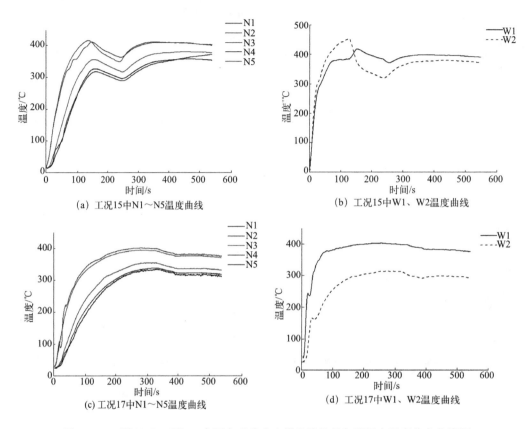

(a) 工况15中N1～N5温度曲线　　　　(b) 工况15中W1、W2温度曲线

(c) 工况17中N1～N5温度曲线　　　　(d) 工况17中W1、W2温度曲线

图 4-35　工况 15 和工况 17 中隔离型分支电缆连接处的各测温点温度分布曲线图

由图 4-35，试验开始后，各测温点温度迅速上升，在 2000s 左右上升速率减小，而后处于热平衡状态。

可以看出，各测温点温度基本处于 400℃ 以下，线芯处温度在热平衡状态下处于 300℃ 左右，将近于铜导体的退火温度。

工况 15～17 试验数据对比分析：

绘出工况 15～17 中对应测温点试验数据对比图，如图 4-36 所示，分析分支电缆盒上绕包的陶瓷化耐火复合带厚度对隔离型分支电缆连接处温度场特性的影响，并确定分支电缆盒上耐火材料的合理厚度。

由图 4-36，工况 15～17 中各对应测温点温度变化趋势相同，且在数值上没有随防火保护材料变化呈现出明显规律性变化，可认为隔离型分支电缆内部温度变化与陶瓷化耐火复合带的厚度没有相关性。

各测温点峰值温度及热平衡温度在 300～400℃，根据耐火性能判断，在火焰温度 750℃ 条件下，隔离型分支电缆连接处内部温度较低。在实际火灾中，一般小型火灾情况下，隔离型分支电缆连接处可以保证供电有效性。

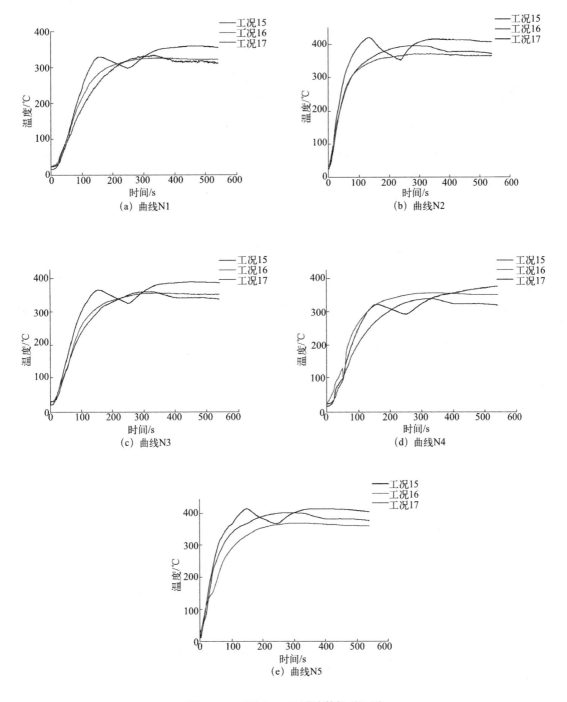

图 4-36　工况 15～17 试验数据对比图

（3）不同火源温度的影响

对无外壳保护工况中相同耐火材料厚度不同火源温度的试验工况进行对比分析，对工况 3 和 7、4 和 8、5 和 9、6 和 10 的试验数据分别按照对应测温点绘出对比图，如图 4-37～图 4-40 所示。

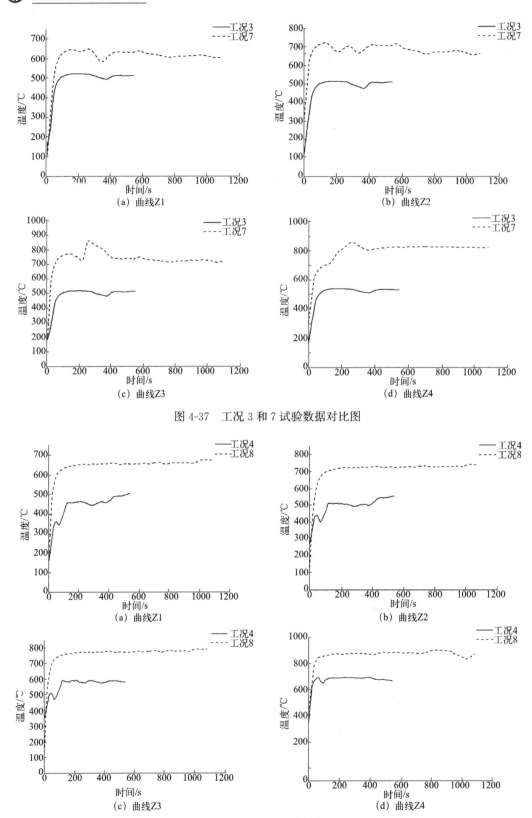

图 4-37　工况 3 和 7 试验数据对比图

图 4-38　工况 4 和 8 试验数据对比图

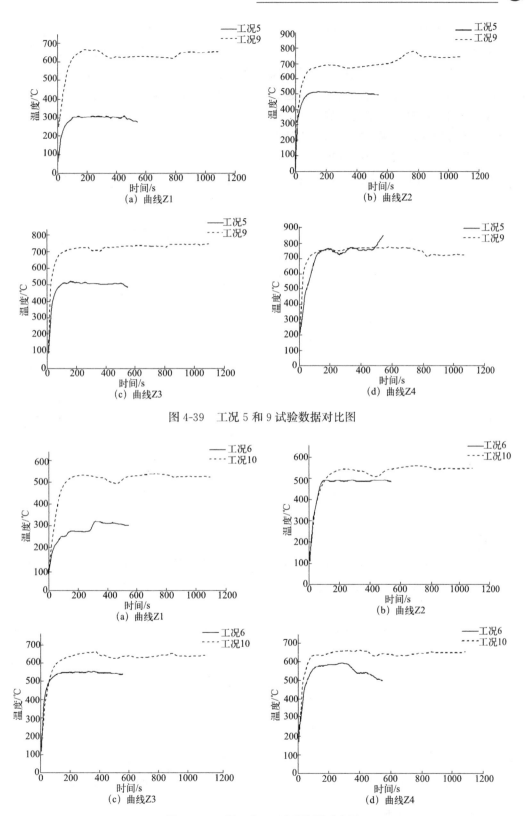

图 4-39　工况 5 和 9 试验数据对比图

图 4-40　工况 6 和 10 试验数据对比图

根据改变火源温度系列对比图（图 4-37～图 4-40），火源温度为 950℃时的分支电缆连接处的温度场分布明显高于火源温度为 750℃的对应工况，同时也可以看出陶瓷化耐火复合带受热瓷化后的隔热性能良好，且其隔热效果在火源温度 950℃时更好，可以认为它的瓷化程度与火源温度有关，火源温度越高，瓷化越完全，故隔热效果越好。

（4）防火保护材料类型的影响

复合云母带保护工况试验数据分析如下。

1）工况 18～20 试验数据分析

工况 18～20 中隔离型分支电缆连接处的各测温点温度分布曲线图，如图 4-41。

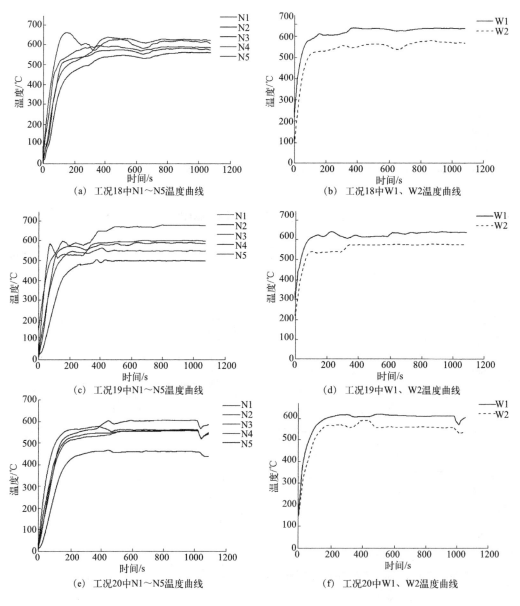

图 4-41　工况 18～20 中隔离型分支电缆连接处的各测温点温度分布曲线图

由图 4-41，工况 18～20 中，试验开始后各测温点温度迅速上升，在 3000s 左右达到热稳定平衡状态。各曲线温度峰值在 700℃以下，说明复合云母带隔热效果良好。在各工况中，曲线 N2 温升速率最快，曲线 N1 的温度数值最小，均与测温点的设置位置有关。

由图 4-41(a) 和（c），在各温度曲线达到稳定平衡后，出现二次上升阶段，是由于在试验过程中分支电缆盒受热熔融，部分受到破坏。再次上升阶段持续时间较短且上升幅度不大，原因是在试验过程中复合云母带并未被破坏，仍有一定的隔热效果。分支电缆盒熔融破坏的原因是，在试验过程中热收缩套受热熔融后，分支电缆盒外包裹的复合云母带会出现包裹松散的情况，导致高温通过复合云母带缝隙直接作用在分支电缆盒上，使盒体达到铝合金熔点后熔融破坏。图 4-41(e) 中各曲线未出现二次上升阶段，在试验过程中分支电缆盒只是两端部分出现轻微熔融现象，对于整体没有影响。

由图 4-41(b)（d）（f），曲线 W1 位于 W2 之上，说明受火面温度高于背火面。曲线 W1 未有明显的二次上升阶段，是因为测温点处的分支电缆盒未熔融破坏，其外面起到保护作用的复合云母带未破坏失效，所以曲线 W1 在温度上升后一直处于相对平衡稳定状态。

2）工况 18～20 试验数据对比分析

绘出工况 18～20 中对应测温点试验数据对比图，如图 4-42 所示。

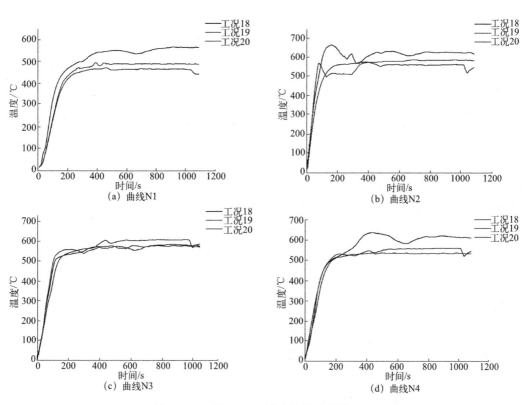

图 4-42　工况 18～20 试验数据对比图（一）

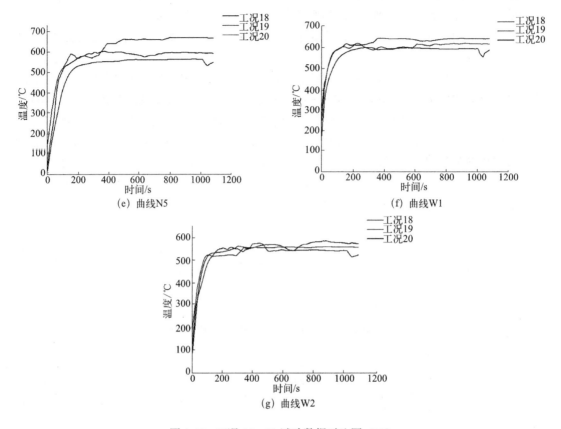

图 4-42　工况 18～20 试验数据对比图（二）

由图 4-42 中各曲线对比情况可知，在温度平衡后，各测温点的温度随着复合云母带厚度的增加而降低，温度分布特性随复合云母带厚度变化呈现规律性变化。工况 18 中各曲线温度峰值均在 600℃以上，工况 19 与工况 20 中各曲线温度峰值均低于 600℃，但是工况 19 中出现分支电缆盒破坏情况，会导致电缆失效。所以如果采用复合云母带作为分支电缆盒的防火保护材料，其包裹厚度至少应为 0.6mm。

（5）不同防火保护材料试验数据对比

对分支电缆盒上防火保护材料分别为陶瓷化耐火复合带和复合云母带的工况进行试验数据对比分析，绘出工况 12 和 18、13 和 19、14 和 20 的对应测温点数据对比图，如图 4-43～图 4-45 所示。

由图 4-43～图 4-45，在不同防火保护材料的对应工况中，采用陶瓷化耐火复合带进行保护的工况中各测温点的温度低于采用复合云母带的工况，说明受热瓷化后的陶瓷化耐火复合带的隔热效果比复合云母带好，瓷化后的陶瓷化耐火复合带导热系数低于复合云母带，并且陶瓷化耐火复合带在受热瓷化后会紧密包裹在分支电缆盒外，形成保护壳，复合云母带在高温火焰作用下发生脆化，会出现绕包松散的情况。综合以上分析，陶瓷化耐火复合带具有高温瓷化性质，可形成陶瓷物质保护壳，其耐火性能优于复合云母带，更适用于分支电缆盒的耐火保护。

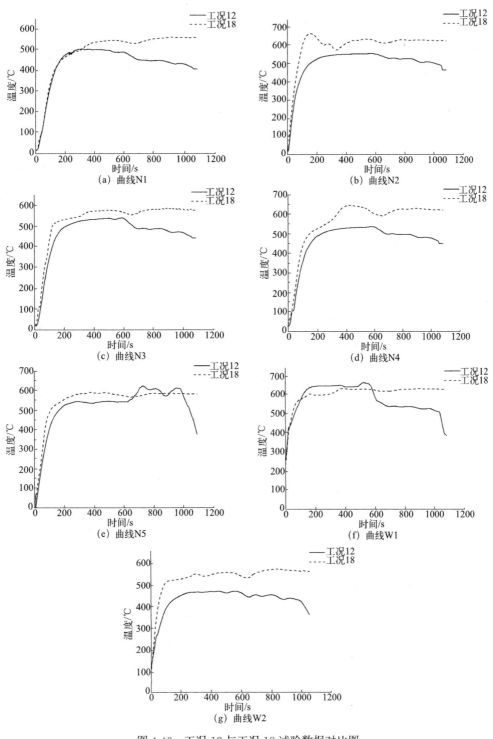

图 4-43　工况 12 与工况 18 试验数据对比图

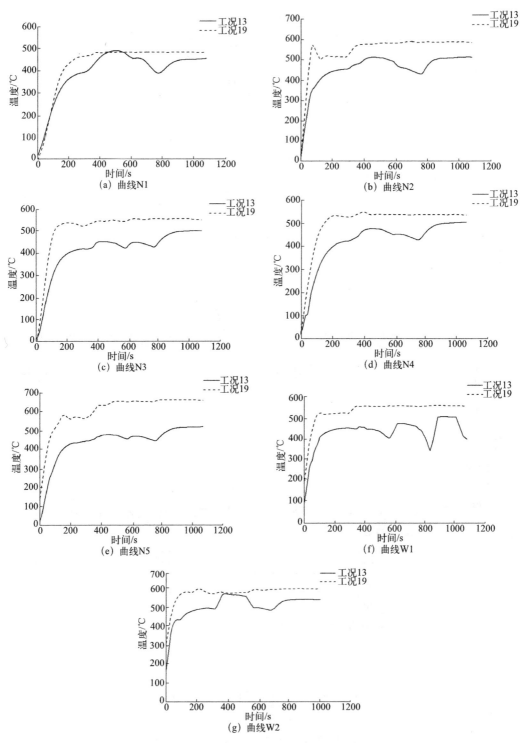

图 4-44　工况 13 与工况 19 试验数据对比图

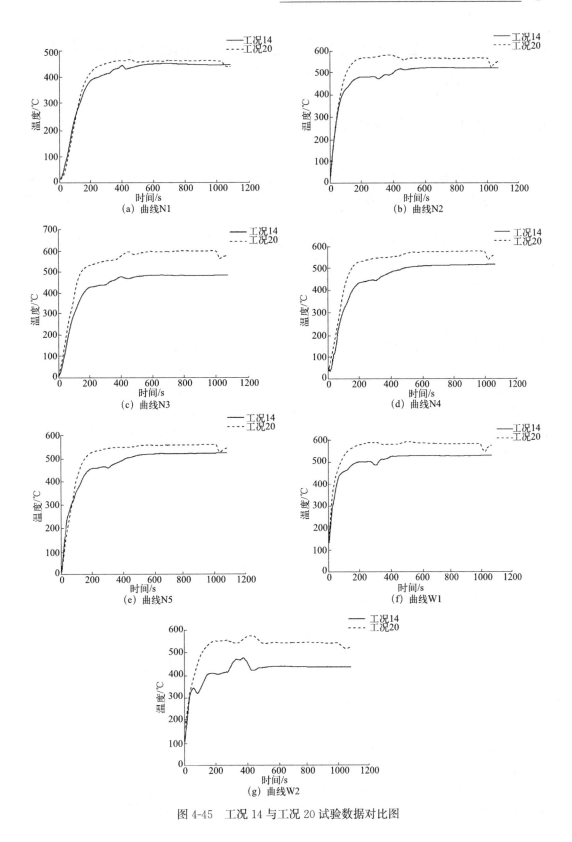

图 4-45　工况 14 与工况 20 试验数据对比图

4.6 防火槽盒与防火包带在提升电缆隧道防火性能中的作用

4.6.1 耐火性能分析评价准则

（1）指标体系

电缆耐火性能是通过能否在火灾情况下持续供电进行判定的，即电缆在受火作用规定时间内不会失效。文献表明，电缆绝缘层材料性能是影响电缆耐火性能的关键因素。

电缆运行过程中，导体产热使导体和绝缘层温度上升。绝缘层始终处在高温中，使得绝缘层材料老化，绝缘性能下降，在达到耐热温度极限时，一旦电缆出现漏电或短路时，会导致绝缘层材料失效。在火灾情况下，电缆处于较高的温度场中，绝缘层材料在高温作用下会加速老化，达到耐热温度后，失去绝缘能力，使电缆失效。

综上所述，电缆耐火性能主要受电缆绝缘层材料的耐热等级影响，耐热等级通过耐热温度进行划分。电缆中绝缘层材料温度与线芯温度相等，线芯温度的影响因素包括电缆电流与耐火保护性能。隔离型分支电缆连接处的缆芯接触部分外绕包了陶瓷化耐火复合带，起到绝缘层材料的作用，主电缆与分支电缆采用氟金云母带为绝缘层材料。隔离型分支电缆绝缘层材料温度与电缆线芯温度相等，影响指标包括电缆电流大小、防火保护材料厚度及保护结构完整性。隔离型分支电缆耐火性能评价指标体系如图4-46所示。

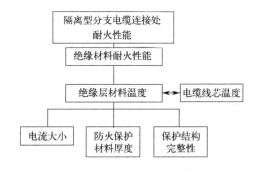

图4-46 隔离型分支电缆耐火性能评价指标体系

（2）评价准则

1）允许工作温度

① 长期允许工作温度

当电缆运行温度超过某一定值时，将导致绝缘层绝缘水平下降，甚至击穿，所以电缆的运行温度应低于这一特定值，该值定义为电缆长期允许最高工作温度。电缆长期运行的最高允许温度主要取决于电缆绝缘层材料的热老化性能。现行国家标准《电气绝缘 耐热性和表示方法》GB/T 11021 中规定了电气绝缘层材料耐热性能等级划分标准，如表4-10所示。

电气绝缘层材料耐热等级划分标准 表 4-10

耐热等级	Y	A	E	B	F	H	200	220	250
温度(℃)	90	105	120	130	155	180	200	220	250

注：温度超过 250℃，则按间隔 25℃ 相应设置耐热等级。

隔离型分支电缆连接处的缆芯接触部分外面只绕包了陶瓷化耐火复合带，起到绝缘的作用。陶瓷化耐火复合带在未瓷化状态下的长期工作温度为 −70～200℃，则其耐热等级温度为 200℃。主电缆与分支电缆采用氟金云母带为绝缘材料，其长期允许工作温度可达 1000℃。

综上所述，隔离型分支电缆的长期允许工作温度为 200℃。

② 短期允许工作温度

电缆绝缘层材料在高温环境中可在短时间内维持一定的绝缘性能，使得电缆在火灾情况下能保证一定时间的供电。电缆短期允许工作温度取决于绝缘层材料在高温环境中的性能。

陶瓷化耐火复合带在高温环境下会迅速瓷化，瓷化产物性能与陶瓷物质相似，耐高温性能良好；氟金云母带耐 800℃ 高温。从绝缘材料方面考虑，隔离型分支电缆的短期允许工作温度为 800℃；根据耐火性能判据，隔离型分支电缆连接处内部温度应低于 600℃，方能够保证工作有效性。

综上所述，隔离型分支电缆连接处短期允许工作温度为 600℃。

2）分析评价准则确定

隔离型分支电缆连接处耐火性能的影响指标包括电流大小、防火保护材料厚度及防火保护结构完好性。其中电流大小的评定准则是长期允许工作温度，防火保护材料厚度及防火保护结构完好性的评定准则是电缆短期允许工作温度。

建立隔离型分支电缆连接处耐火性能分析评价体系，如图 4-47 所示。

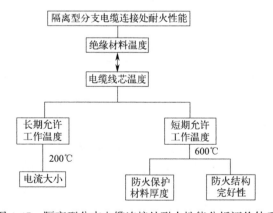

图 4-47 隔离型分支电缆连接处耐火性能分析评价体系

4.6.2 评价指标对耐火性能影响分析

绝缘层温度是电缆耐火性能的关键影响因素，分析各指标对耐火性能的影响即分析各指标与绝缘材料温度变化之间的关系，结合数值模拟结果与试验数据，对电流大小、防火保护材料厚度、保护结构完好性与温度之间的关系进行量化分析。

（1）电流大小的影响

根据模拟结果与数据定量分析电流大小与隔离型分支电缆耐火性能的影响，建立温度与电流之间的拟合方程。数值模拟中线芯处温度峰值出现在缆芯接触点附近的主电缆上，可认为温度峰值为绝缘材料温度峰值。

根据各组工况的主电缆温度峰值绘制曲线图并建立拟合方程，如图 4-48 所示。各曲线均是按照式（4-15）进行抛物线拟合，各拟合曲线方程参数取值如表 4-11 所示。

$$y = ax^2 + bx + c \tag{4-15}$$

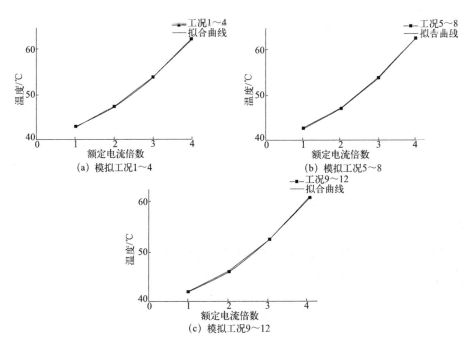

图 4-48　电流大小的影响拟合曲线

各拟合曲线方程参数　表 4-11

工况	a	b	c
1～4	1.040	1.340	40.460
5～8	0.875	1.041	40.175
9～12	1.100	0.766	40.085

电缆温度峰值随着电流增加呈抛物线形式增加，从数值上看，过载情况下温度远低于陶瓷化耐火复合带的耐热温度，说明隔离型分支电缆额定电流的安全余量很大，可以在过载情况下长期运行，电缆出现短路时可能会使绝缘材料击穿失效。

分支电缆为并联形式，主电缆起始部分电流最大，产热量最大，可能会导致绝缘材料失效，分支线的接入会使主电缆上电流逐渐减小，但是电缆长期低负荷运行会造成资源浪费，所以在实际工程中应该合理选择主电缆与分支电缆截面规格，在保证电缆安全运行前提下，使工作效率最大。

（2）耐火材料保护厚度的影响

外热源作用下陶瓷化耐火复合带的温度为分支线芯的温度，可根据规律性试验中工况 7～11 的试验数据对防火保护材料厚度的影响进行分析，建立耐火材料保护厚度与热平衡温度之间的拟合方程。

　　分别对工况 7～11 中各测温点 1000s 后温度数据进行求平均值处理，获得其热平衡状态下的温度，如表 4-12 所示。

各测温点热平衡状态下的温度　　　　　　　　　　表 4-12

防火保护材料厚度（mm）	Z1	Z2	Z3	Z4
0.6	617.14	688.33	740.17	817.66
0.8	661.65	722.15	768.64	874.93
1.0	640.62	714.57	730.69	751.73
1.2	523.53	540.19	634.48	641.60
1.4	523.31	608.27	642.93	682.81

　　根据表 4-12 中的数据对防火保护材料厚度与热平衡温度之间的关系进行曲线拟合，如图 4-49 所示。各曲线均是按照式（4-16）进行线性拟合，各拟合曲线方程参数如表 4-13 所示。

$$y = a + bx \qquad (4\text{-}16)$$

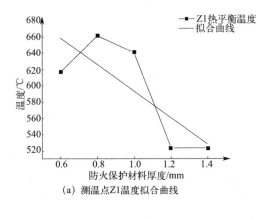

（a）测温点 Z1 温度拟合曲线

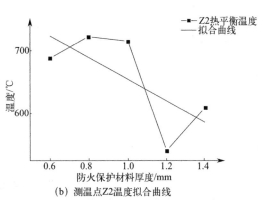

（b）测温点 Z2 温度拟合曲线

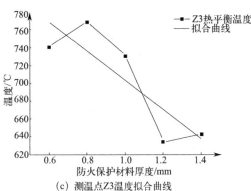

（c）测温点 Z3 温度拟合曲线

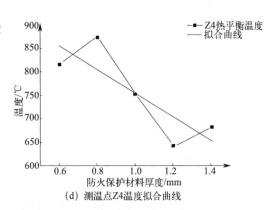

（d）测温点 Z4 温度拟合曲线

图 4-49　防火保护材料厚度与热平衡温度拟合曲线

各拟合曲线方程参数　　　　　　　　　表 4-13

测温点	a	b
Z1	756.140	−162.890
Z2	825.740	−171.040
Z3	867.700	−164.320
Z4	1005.260	−251.520

各个测温点的耐火材料保护厚度与热平衡温度之间为线性关系，且斜率为负，即耐火材料保护厚度增加会降低分支电缆连接处的温度，即会降低绝缘材料温度，减缓其热老化过程。所以耐火材料保护厚度增加会使隔离型分支电缆具有更好的耐火性能。

（3）保护结构完好性的影响

根据工况 12~14 的试验数据，建立分支电缆盒处耐火材料保护厚度与热平衡温度之间的拟合方程，分析保护结构完好性对耐火性能的影响。

分别对工况 12~14 中各测温点 2000s 后温度数据进行求平均值处理，获得其热平衡状态下的温度，如表 4-14 所示。

各测温点热平衡状态下的温度　　　　　　　　　表 4-14

耐火材料保护厚度(mm)	N1	N2	N3	N4	N5	W1	W2
0.2	468.49	529.87	501.37	497.10	562.72	589.24	457.42
0.4	440.65	482.29	470.14	458.52	475.62	540.36	447.73
0.6	439.53	507.51	480.58	480.68	505.00	529.23	433.61

根据表 4-14 中的数据对耐火材料保护厚度与各测点热平衡温度之间的关系进行曲线拟合，如图 4-50 所示。各曲线均是按照式（4-17）进行线性拟合，各曲线方程参数如表 4-15 所示。

$$y = a + bx \tag{4-17}$$

各拟合曲线方程参数　　　　　　　　　表 4-15

测温点	a	b
N1	478.410	−72.400
N2	528.920	−55.900
N3	504.820	−51.980
N4	495.190	−41.500
N5	572.170	−144.300
W1	612.950	−150.030
W2	470.060	−59.520

在耐火保护结构的影响中，各测温点热平衡温度均与分支电缆盒上保护材料厚度呈线性关系，且为负相关，其中测温点 N1 可代表绝缘材料温度。分支电缆盒上保护材料厚度增加会使盒内整体温度降低，分支电缆盒上绝缘材料温度降低，更好地保护分支电缆盒与内部分支结构。所以增加分支电缆盒上保护材料厚度会使隔离型分支电缆连接处具有更好

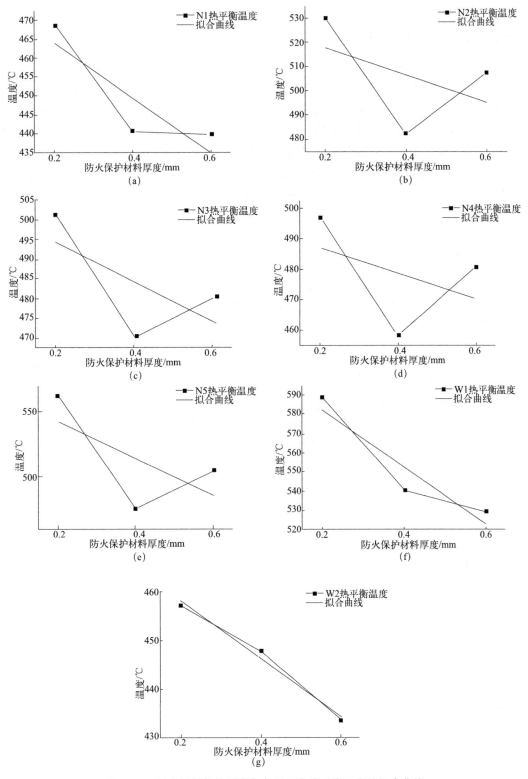

图 4-50　耐火材料保护厚度与各测温点热平衡温度的拟合曲线

的耐火性能。

4.6.3 工程选型及应用建议

（1）隔离型分支电缆选型要求

隔离型分支电缆属于耐火电缆，工程中的要求主要是按照配电线路中供电需求对其截面及载流量进行选择。隔离型分支电缆主电缆与分支电缆为并联关系，在实际运行中存在电流分流现象，主电缆中电流随着接入的分支电缆的增多而逐渐减小，但是电缆长期低负荷运行会造成资源浪费。在进行隔离型分支电缆选型时应考虑以下问题：

1）确定线路上各个用电设备的用电需求，根据额定载流量确定分支电缆的截面，根据用电设备数量及电缆额定载流量确定主电缆截面。

2）对主电缆与分支电缆的规格应进行合理搭配，满足线路供电需求。

（2）工程应用建议

隔离型分支电缆属于矿物绝缘类耐火电缆的分支形式，其工程应用可参考矿物绝缘电缆应用场所与要求。具体应用建议如下：

1）隔离型分支电缆可应用于有分支供电要求的耐火供电线路中，主要为火灾情况下需进行工作的消防设施配电线路。

2）四川消防所试验研究表明，矿物绝缘电缆具有优异的耐火性能，应用于实际工程时可采用明敷的方式。同样，隔离型分支电缆也可采用明敷的方式，在敷设于电缆桥架中时，外壳应刷涂相同等级的防火涂料。

3）分支电缆连接处结构完整是隔离型分支电缆保证供电连续性与可靠性的关键，在敷设时应对分支电缆盒采取一定的保护措施，且敷设时应尽量避免在分支电缆盒附近弯曲。

第5章 火灾探测报警系统的应用

5.1 火灾探测器的选择

电缆隧道距离较长，非检修施工时没有人员进入，在初期阶段火灾很难被察觉，为了能够及时探测到火情防止蔓延成灾，设置自动报警装置是十分必要的。根据现行国家标准《城市综合管廊工程技术规范》GB 50838 要求，在敷设电力电缆的舱室中均应设置火灾自动报警系统。

（1）探测器选型：1）全线设置火灾监控报警系统。2）隧道外极易出现异常发热的重点部位应设置电气火灾监控探测器。3）隧道内应在电缆的上表面敷设线型感温火灾探测器，有外部火源进入可能的电缆隧道还应同时在隧道顶部中央设置。4）隧道内应设置手动报警按钮和防火门监控系统。

（2）探测器设置要求：1）线型感温火灾探测器应采用接触式的敷设方式，缆式线型感温火灾探测器应采用S形布设，光纤式火灾探测器应采用一根感温光缆保护一根动力电缆的方式。2）隧道内的线型感温火灾探测器可接入电气火灾监控器。

瑞典 SP 技术研究所与泰科消防在尺寸为 16m×6m×6m 的模拟电缆隧道中开展了一系列的全尺寸实体火灾试验，通过全尺寸实体火灾试验来测试在不同火灾情境下 DTS 分布式线型感温探测系统的报警及时性，结果发现，该探测系统仍然能够及时有效探测不同情景下的火灾，能够实时监控火灾的发展过程，并且在 1000℃ 以上的高温环境中仍能够正常工作。DTS 分布式线型感温探测系统不仅可以发出火灾信号实现火灾早期探测，还可以提供火灾发展过程中的火灾蔓延趋势和火势大小等重要信息，为自动灭火以及火灾扑救等提供帮助。

5.2 火灾探测报警系统的设置

5.2.1 火灾自动报警系统研究

（1）电力管廊的发展及防火措施

随着我国城市化水平的提高与经济的快速发展，大量人口不断涌入城市，例如北京、上海、深圳等地区都呈现人口高度密集化的趋势，对电力的需求也逐年上升。为了满足电力供应的需求，高电压等级的变电站进入了城市中心区，城市中有部分电网向地下空间发展，这就对电力输送容量提出了更高的要求。传统的敷设方式例如直埋、排管、电缆沟等难以满足电力发展的需求，电力电缆隧道必然将高电压、大截面电缆作为主要的敷设方式。

目前许多国内大中型城市都建有不同规模的电力隧道，同时出现了许多问题，电力管线纳入电缆隧道需要解决的主要问题是防火防灾、通风降温。在工程中，当电力电缆数量较多时，一般将电力电缆单独设置一个舱位，实际就是分割成一个电力专用的隧道，通过感温电缆、自然通风并辅助机械通风、防火分隔及监控系统来保证电力电缆的安全运行。

（2）国内外电缆隧道现状

电力电缆隧道用于容纳大量敷设在电缆支架上的电缆的走廊或隧道或构筑物。目前，国外日本、英国、法国等已有大量沿隧道辐射高压电力电缆的先例；国内北京、上海、广州等城市都已敷设了高压电力电缆隧道。

国外电缆隧道：

1）东京湾横断公路隧道。世界三大海底隧道之一的日本东京湾横断公路隧道是目前世界上最长的海底公路隧道，长 9.4km，由 2 条外径 13.9m 的单向公路隧道组成。在隧道的设计及实施中为东京电力公司预留了 500kV 电缆的敷设通道，目前根据当地负荷现状，先行敷设 2 回 77kV 的交联电缆。

2）多佛海峡隧道。英法两国间的多佛海峡隧道全长 48.5km，也是世界三大海底隧道之一，其海底部分长 37.5km，共有三条隧道。该隧道于 1993 年建成，其电力供应由英、法两国电力各承担一半。两国各以 3 条 220kV 电缆供电，一条用于电力机车，一条用于辅助设备，第三条备用。

国内电缆隧道：

北京拥有国内规模最大的电力电缆隧道网，总长约 400km，隧道内设有 220kV、110kV、10kV 电力电缆和通信光缆。大部分未设置防火分隔，在部分电缆接头上方设置了悬挂式 1211 自动灭火器，无其他消防报警及灭火设施。

广州第一条电力电缆隧道——珠江新城隧道于 2001 年投运，全长 3863km。目前，该隧道已经敷设 220kV 和 110kV 的输电电缆各 1 回，还预留 5 回电缆的位置。在消防系统配置方面，整条隧道分为 42 个防火分隔区域，每个分区都设有紧急出口。一旦隧道内的线路出现事故发生火灾，报警系统马上将险情传递到隧道的消防中心，中心控制分区的防火门关闭，将火源隔断，避免更大的损失；在出现火险的分区的工作人员也能通过紧急出口快速疏散。此外，隧道内还安装了温控自动通风装置。

上海城区内还没有已成规模的电力电缆网络，但在历年的单项工程中，为了配合一些工程的需要以及上海电网的发展需求，正在建设一些电力电缆隧道。截至 2006 年底，上海电网共有电力电缆隧道 16 条，其中过江电力电缆隧道 4 条，陆地电力电缆隧道 12 条。其中，杨厂电力电缆隧道［图 5-1(a)］线路新瑞 2226 敷设了 220kV 充油电缆线路，投运时间为 1989 年。龙阳路电力电缆隧道［图 5-1(b)］敷设了 4 回 220kV 交联电缆。

（3）电力电缆管廊消防报警系统现状

对于电力电缆管廊火灾自动报警系统的选用，根据规范要求并结合管廊内结构特点，一般的做法是设置温度自动探测报警系统。

电力电缆管廊内的火灾具有独特性，电缆在未燃烧时，温度可达到 150℃，并会扩散烟雾及有毒气体。理想的温度自动报警装置在电力电缆温度接近 150℃ 之前便引发报警。

(a) 杨厂电力电缆隧道

(b) 龙阳路电力电缆隧道

图 5-1　实际工程电力电缆隧道

电力电缆隧道的底层由于灰尘的积累，容易引发火灾，目前国内电力电缆管廊的做法是一般在电缆桥架的底层设置感温电缆。因电缆桥架位置，最上层电缆燃烧时易产生烟囱效应，因此往往在桥架顶部和隧道顶部之间也设置一根感温电缆。

目前在电力电缆管廊中一般采用温度分布监测的系统是分布式光纤温度传感系统。在光学传播领域的最近十几年中，光纤的应用技术发展尤为迅速。光纤本身已从单纯作为光传播的媒介发展成为可作为温度、压力、变形、振动、流量、放电等种种物理量的探测器，广泛应用于现代工业的监测、控制和保护系统之中。

在电缆隧道中，对于线路和设备的可靠性监控非常重要。监控的技术原则是对沿线电缆温度变化进行有效数据分析，以预防为主，还要确保事故发生时有快速的反应与报警，做到万无一失。就动力电缆的监测而言，分布式光纤系统是在线监测最有效的方法之一。

（4）国内有关电力电缆管廊设置火灾自动报警系统的规范对比

目前国内有关电力电缆管廊设置火灾自动报警探测器的做法的标准有现行国家标准《城市综合管廊工程技术规范》GB 50838、《火灾自动报警系统设计规范》GB 50116、《钢铁冶金企业设计防火标准》GB 50414、《城镇综合管廊监控与报警系统工程技术标准》GB 51274 和现行地方标准《城市综合管廊工程设计规范》DB11/ 1505，这些标准均对电力电缆管廊或类似管廊结构的建筑提出了火灾自动报警的要求，经过对比，各规范关于自动报警的要求如表 5-1 所示：

各规范关于自动报警要求　　　　　　　　　　　　　　　　表 5-1

规范	选型	敷设方式
《城市综合管廊工程技术规范》GB 50838	表层线型感温火灾探测器且顶部线型光纤感温火灾探测器或感烟火灾探测器	(1)缆式线型感温火灾探测器应采用 S 形敷置在每层电缆的上表面。(2)线型光纤感温火灾探测器应采用一根感温光缆保护一根动力电缆的方式，并应沿动力电缆敷设
《火灾自动报警系统设计规范》GB 50116	有外部火源进入的电缆隧道在电缆层上表面和隧道顶部，均应设置线型感温火灾探测器	
《钢铁冶金企业设计防火标准》GB 50414	缆式线型感温火灾探测器	(1)逐层采用正弦波接触式敷设，需经常更换时，宜采用水平正弦波悬挂方式敷设。(2)悬挂敷设的线型感温火灾探测器距被保护电缆表面的垂直高度不应大于 300mm

规范	选型	敷设方式
《城镇综合管廊监控与报警系统工程技术标准》GB 51274	感烟火灾探测器和感温火灾探测器(需要联动)	感烟火灾探测器:点型感烟火灾探测器和图像型感烟火灾探测器
《城市综合管廊工程设计规范》DB11/1505	电缆表层设置线型感温火灾探测器且顶部设置线型光纤感温火灾探测器或感烟火灾探测器或图像型火灾探测器	—

5.2.2 电缆隧道火灾自动报警系统

（1）典型电力电缆管廊内火灾探测器性能研究

1）分布式光纤感温火灾探测器

将光纤本身作为探测器，有以下几个主要优点。首先，由于光纤中传输的信号不受电磁干扰，所以即使这些信号是从电磁波较杂乱的区域获得（如动力电缆或变压器周边区域），也能确保其探测内容的完整性；其次，由于探测光缆中无电流，而相对而言，光纤又是不活泼的绝缘介质，所以即使是用在较恶劣、危险的工作区域，操作人员的安全仍能得到最大程度的保障。

分布式光纤感温火灾探测器系统是利用光缆作为探测器进行温度监测的系统（图5-2），通过适宜的安装，它可以连续监测长达30km区域内的温度变化情况。由于光纤本身就是传感器，光纤放到哪里温度就测到哪里，故测量的温度数据是不间断的、多点的连续分布。分布式光纤系统可以在终端上清晰显示出光纤长度内每个监测温点的温度变化（最短可设定0.25m为一个监测温点），进行精确地温度数值输出与空间定位。

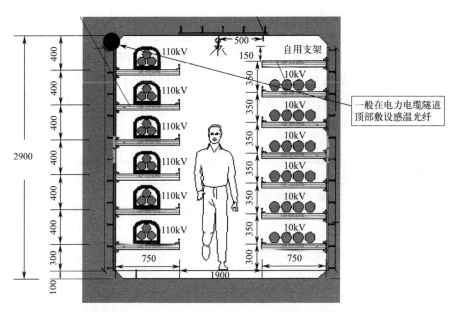

图5-2 分布式光纤感温火灾探测器在电力电缆管廊内敷设位置示意图

在电缆隧道中，对于线路和设备的可靠性监控非常重要。监控的技术原则是对沿线电缆温度变化进行有效数据分析，以预防为主，还要确保事故发生时有快速的反应与报警，做到万无一失。就动力电缆的监测而言，分布式光纤感温探测器系统是在线监测最有效的方法之一。

2) 缆式线型感温火灾探测器

在火灾初期阶段，使用热敏元件来探测火灾的发生是一种有效的手段，特别是存在大量粉尘、油雾、水蒸气的场所，一般无法使用普通感烟式探测器，用感温式探测器比较合适。感温式探测器是一种响应异常温度、温升速率的火灾探测器，又可分为定温火灾探测器——温度达到或超过预定值时响应的火灾探测器；差温火灾探测器——温升速率超过预定值时响应的火灾探测器；差定温火灾探测器——兼有差温、定温两种功能的火灾探测器。

缆式线型定温火灾探测器由两根弹性钢丝分别包敷热敏绝缘材料，绞对成型，绕包带再加外护套而制成，其示意图如图 5-3、图 5-4 所示。在正常监视状态下，两根钢丝间阻值接近无穷大。由于有终端电阻的存在，电缆中可通过细小的监视电流。当电缆周围温度上升到额定动作温度时，其钢丝间热敏绝缘材料性能被破坏，绝缘电阻发生跃

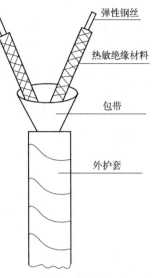

图 5-3　热敏电缆结构示意图

变，接近短路，火灾报警控制器检测到这一变化后发出火灾信号。当缆式线型定温火灾探测器发生断线时，监视电流变为零，控制器据此可发出故障报警信号。

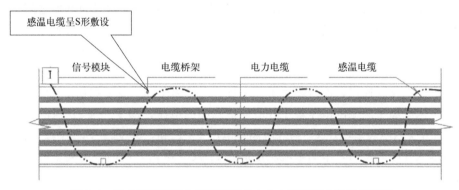

图 5-4　缆式线型感温火灾探测器在电力电缆管廊内敷设示意图

差定温火灾探测器是兼有差温探测和定温探测复合功能的探测器。若其中的某一功能失效，另一功能仍起作用，因而大大地提高了工作的可靠性。电子差定温火灾探测器一般采用两只同型号的热敏元件，其中一只热敏元件位于监测区域的空气环境中，使其能直接感受到周围环境气流的温度，另一只热敏元件密封在探测器内部，以防止与气流直接接触；当外界温度缓慢上升时，两只热敏元件均有响应，此时探测器表现为定温特性；当外界温度急剧上升时，位于监测区域的热敏元件阻值迅速下降，而在探测器内部的热敏元件阻值变化缓慢，此时探测器表现为差温特性。由于电子感温探测器的输出精度可以达到 1℃，因此也可以由软件编程实现定温和差温的探测任务，而且可以很容易实现模拟量报警的浮动阈值修正。实际使用的电子差定温火灾探测器一般为单传感器电子差定温火灾探

测器，仅使用一支热敏元件，通过软件算法，便可获取温度上升速率。传感器一般采用抗潮湿性能较好的、玻璃封装的感温电阻，其体积小热容低，响应速度快，与电阻分压后直接由单片机做 AD 获得温度值，定时做 AD 即可得到单位时间内温度的变化增量，在规定时间段内增量的大小即反映了温度的上升速率，满足 R 型感温火灾探测器要求，当上升速率较低时，当前温度值满足 S 型感温火灾探测器要求。

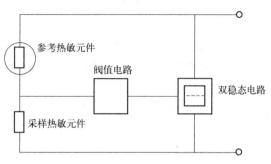

图 5-5　电子差定温探测器原理框图

S 型火灾探测器具有定温特性，即使对较高升温速率在达到最小动作温度前也不能发出火灾报警信号；R 型火灾探测器具有差温特性，对于高升温速率，即使从低于典型应用温度以下开始升温也能满足响应时间要求。电子差定温探测器原理框图如图 5-5 所示。

3）感烟火灾探测器

感烟火灾探测器能对燃烧或热解产生的固体或液化微粒予以响应，它能探测物质燃烧初期所产生的气溶胶或烟雾粒子，因而对早期逃生和初期灭火都十分有利。目前应用比较广泛的感烟火灾探测器有离子感烟火灾探测器和光电感烟火灾探测器。其中光电感烟火灾探测器按其动作原理的不同，还可以分为散光型（应用烟雾粒子对光路散射原理）和减光型（应用烟雾粒子对光路遮挡原理）两种。

在电离室内部，有一片同位素 241Am 放射源，放置在两个相对的电极之间。241Am 放射出的 α 射线使两电极间的空气分子电离，形成正离子和负离子。当在两电离室间施加一定的电压时，正离子和负离子在电场的作用下将定向移动，从而形成离子电流。当发生火灾时，烟雾进入外电离室，烟雾粒子很容易吸附被电离的正离子和负离子，因而减小了离子在电场中的移动速度，而且增大了移动过程中正离子和负离子相互中和的概率。在正常情况下，内电离室两端的电压等于外电离室两端的电压，即 $V_1=V_2$。探测器两端的外加电压 V_0 等于内电离室电压 V_1 与外电离室电压 V_2 之和，即 $V_0=V_1+V_2$。当发生火灾时，烟雾进入外电离室后，电离电流从正常的 I_1 减少到 I_1'，此时外电离室两端的电压从 V_2 增加到 V_2'。

$$\Delta V=V_2'-V_2 \tag{5-1}$$

外电离室的电压增量 ΔV 随着进入外电离室的烟雾浓度增加而增大，当 ΔV 增大到超过阈值时电路将动作，输出火灾信号。电离室的电流、电压特性如图 5-6 所示，感烟探测器在电力电缆管廊内敷设示意图如图 5-7 所示。

4）感温火灾探测器

在火灾初起阶段，使用热敏元件来探测火灾的发生是一种有效的手段，特别是存在大量粉尘、油雾、水蒸气的场所，一般无法使用普通感烟式火灾探测器，用感温式火灾探测器比较合适。感温火灾探测器是一种响应异常温度、温升速率的火灾探测器。

点型定温火灾探测器一般利用双金属片、易熔合金、热电偶、热敏电阻等元件为温度传感器。图 5-8 所示为双金属片定温火灾探测器主体结构示意图，其主体由外壳、双金属片、金电极、极触头和头电极组成。探测器的温度敏感元件是一只双金属片。当发生火灾

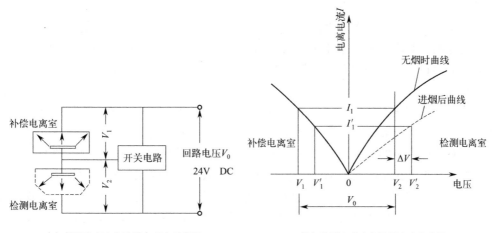

（a）检测电离室和补偿电离室示意图　　　　（b）检测电离室和补偿电离室曲线

图 5-6　电离室的电流、电压特性

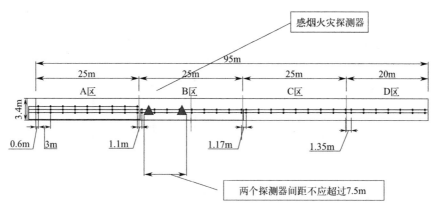

图 5-7　感烟火灾探测器在电力电缆管廊内敷设示意图

的时候，探测器周围的环境温度升高，双金属片受热会变形而发生弯曲。当温度升高到某一特定数值时，双金属片向下弯曲推动触头，于是两个电极被接通，相关的电子线路送出火警信号。

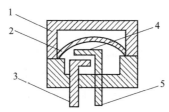

1—外壳；2—双金属片；3—金电极；4—极触头；5—头电极

图 5-8　双金属片定温火灾探测器主体结构示意图

5）图像型火灾探测器

图像型火灾探测器利用图像传感器的光电转换功能，将火灾光学图像转换为相应的电信号图像，把电信号图像传送到信息处理主机，信息处理主机再结合各种火灾判据对电信号图像进行图像处理，最后得出结果，若有火灾，发出火灾报警信号。

图像型火灾探测利用摄像机监测现场环境，并通过对所得数字图像的处理和分析实现对火灾的探测。利用此项技术不但能够实现火灾的早期探测，为火灾的扑救赢得宝贵时间，并且能够在工作过程中有效避免探测距离、环境干扰等因素的影响，具有可视化、无接触等优点。

图像型火灾探测器工作原理（图 5-9）是：通过图像采集设备（一般由摄像机和图像采集卡构成）采集视频图像并输入到计算机中，对采集到的每一帧视频图像建立模型，利用该模型获得图像中的至少一个区域及其边界像素，对采集到的每一帧视频图像进行运动特性分析，获得图像中的运动前景像素；当所述区域的边界像素中包含的运动前景像素的个数达到已设定的阈值时，将所述区域标记为火灾疑似区域；对所述火灾疑似区域的闪烁特性进行评估，判断所述火灾疑似区域中是否存在火灾；当存在火灾时进行火灾报警，否则继续监测下一帧视频图像。

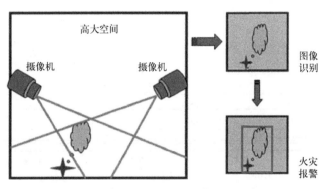

图 5-9　图像型火灾探测器工作原理示意图

（2）典型电缆隧道内图像型火灾探测器性能研究

在典型电缆隧道环境中开展实体火试验，分析火灾时电缆隧道内图像型火灾探测器响应时间。选择两个典型电缆隧道结构进行试验场景的布置，分别敷设阻燃及非阻燃电缆。选取线型陶瓷电加热器和两种热释放速率的酒精池火为典型电缆隧道的试验火源，分别改变火源规模、火源位置和风速，在同一场景下开展试验，记录探测器预警时间与报警时间，试验方案介绍如下。

1）管廊尺寸

全尺寸地下管廊火灾试验平台是上海同泰火安科技有限公司研发基地的重要试验平台。试验管廊尺寸长 105.6m×宽 3.4m，满足地下管廊 1：1 模拟试验要求，管廊分为 4个区：A、B、C、D。实体试验管廊电力舱环境如图 5-10 所示，实体试验管廊分区简图如图 5-11 所示。

2）电缆布置

管廊试验平台采用真实地下管廊电缆进行电缆火灾试验。管廊 A 区两侧布置电缆桥架，其中一侧为 7 层，桥架的宽度 750mm，相邻桥架层的间距 350mm，最底层桥架距地面 300mm，顶层桥架距顶部 500mm；另一侧为 6 层，桥架的宽度 750mm，相邻桥架层的间距 400mm，最底层桥架距地面 300mm，顶层桥架距顶部 500mm，两侧桥架均布置

图 5-10　实体试验管廊电力舱环境

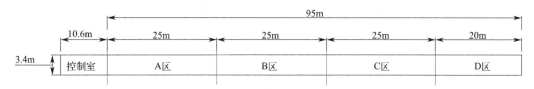

图 5-11　实体试验管廊分区简图

电缆。

　　管廊 B、C、D 区只在一侧每层布置 6 根 10kV 的电缆。各层电缆桥架电缆布置如表 5-2 所示。

各层电缆桥架电缆布置　　　　　　　　　　　　　　　　　　　表 5-2

区域	桥架数	电缆规格	电缆数量（根）
A 右侧、B、C、D	1～7 层	规格 $4 \times 25\text{mm}^2$	6
A 区左侧	1～6 层	规格 $4 \times 240\text{mm}^2$	3

3）火源布置

火源位于 B 区中间最下层桥架的底部位置，如图 5-12 所示。

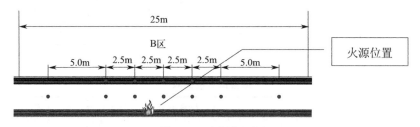

图 5-12　火源位置图

电加热引火：模拟内部起火的情况，选用线型陶瓷电加热器，模拟电缆自身出现故障，发生燃烧的情况。加热部位由热处理温度控制箱和长度为 10m 的线型陶瓷电加热器组成，其额定功率为 10kW，最高调节温度为 600℃，试验中设定温度为 300℃。

丙烷燃烧器：本次试验主要验证高压细水雾的灭火效能，试验中电缆火灾采用外部火烧方式，即人为使电缆起火，本试验采用丙烷燃烧器引燃。现行国家标准《细水雾灭火系统技术规范》GB 50898 中 A4.3 条所规定电缆隧道模拟试验中，模拟火源的燃料为丙烷，采用热释放速率为 250kW 的气体燃烧器。

4）试验设备及数据记录

热电偶、烟气分析仪（1台）、秒表（1个）、录像机（1个）、热像仪（1个）、照相机（2个）、压力表（1个）、手持风速仪（1个）、测距仪、点温仪、卷尺。

热电偶自动记录管廊内的温度变化（记录频次：1次/2s）。

在火灾两侧的安全距离内用手持风速仪测试风速。在细水雾阀组进水位置安装压力表，测量管网入口压力。

用秒表记录数据开始记录时间、点火时间、启动细水雾时间、灭火时间、持续喷雾时间/关停时间、停止记录时间。

定点摄像机录制火场视频，以观察其烟气、火焰等状况。

照相机记录现场情况及试验过程，以观察其烟气、火焰等状况。

热像仪记录管廊内温场变化。

5）试验工况说明

记录时间以视频录像为准，光束复合型图像型烟雾探测器通过将监控视频中的图像栅格化后进行分析，结合出现在视频中的火焰、烟雾占比判断是否发生火灾，其中烟气报警为预警信号且不联动灭火系统，火焰报警信号可联动灭火系统。工况表如表 5-3 所示，报警试验数据如表 5-4 所示。

工况表　　　　　　　　　　　　　　　　　　　　　　　　　　　　　　　表 5-3

工况编号	火源位置	引火源	燃烧物	风速
1	位置1	电加热	阻燃电缆	灭火系统启动前自然通风，启动后关闭
2	位置1	丙烷燃烧器	阻燃电缆	2m/s（如果有补风口，灭火系统启动后关闭，如果没有补风口，一直开着门）
3	位置1	丙烷燃烧器	阻燃电缆	灭火系统启动前自然通风，启动后关闭
4	位置1	丙烷燃烧器	阻燃电缆	灭火系统启动前自然通风，启动后关闭
5	位置1	丙烷燃烧器	阻燃电缆（第5、6、7层加密12根电缆）	灭火系统启动前自然通风，启动后关闭
6	位置1	丙烷燃烧器	阻燃电缆（第5、6、7层加密12根电缆）	灭火系统启动前自然通风，启动后关闭
7	位置1	丙烷燃烧器	阻燃电缆	不启动灭火系统

注：工况3、4、7区别灭火系统不同，对比时视作同一工况；工况5、6为灭火系统不同，对比时视作同一工况。

报警试验数据表　　　　　　　　　　　　　　　　　　　　　　　　　　　表 5-4

工况编号	点火时间	明火产生时间	发烟时间	图像报警时间（烟气）	图像报警时间（火焰）	火焰报警间隔(s)	烟雾报警间隔(s)
工况1	1min 41s	3min 16s	1min 54s	2min 25s	3min 50s	129/34	43/31
工况2	0min 24s	—	1min 02s	1min 29s	0min 29s	5	27
工况3	0min 53s	—	—	1min 47s	1min 02s	9	—

工况编号	点火时间	明火产生时间	发烟时间	图像报警时间(烟气)	图像报警时间(火焰)	火焰报警间隔(s)	烟雾报警间隔(s)
工况 4	0min 23s	—	0min 55s	1min 14s	0min 44s	21	19
工况 5	0min 53s	—	—	1min 34s	1min 18s	25	—
工况 6	0min 25s	—	0min 54s	1min 15s	—	—	—
工况 7	0min 20s	—	—	1min 14s	0min 35s	15	—

注:"—"表示无法判断或没有记录。

6)试验现象记录

工况 1:引火源采用电阻加热的方式以模拟电缆短路时的状况,试验初期产生大量烟气,无明火出现,随着时间增加,将电缆外皮引燃产生明火。

其余工况:引火源为丙烷燃烧器,试验初期即产生大量火焰,随着时间增加,火焰发生竖向蔓延,将引火点上层电缆逐渐引燃,并产生烟气。

(3)试验数据分析

1)工况 1 与其余工况对比:工况 1 燃烧方式为电阻加热后阴燃,故烟气产生较多,明火产生时间较长。以点火时间开始计算,其火焰报警时间间隔为 129s,烟雾报警时间间隔为 43s,电缆阴燃报警时间与明火燃烧相比较长。

2)工况 3 与工况 2 对比:工况 2 增设了管廊内通风风速 2m/s,从报警间隔(其中工况 2 为 5s,工况 3 为 9s)结果来看,相差不多。

3)非阻燃电缆加密工况与阻燃电缆加密工况对比,阻燃电缆加密情况下,火焰报警间隔为 25s,报警时间明显增加。

4)相同工况 3、4、7 对比,报警时间不同且差别较大。

(4)试验结果总结

1)图像型火灾探测器对阴燃的报警时间大于明火的报警时间。

2)通道内 2m/s 风速对图像型火灾探测器的报警时间影响不大。

3)电缆加密不利于图像型火灾探测器的初期报警。

4)图像型火灾探测器对同一工况的报警时间存在波动。

5.2.3 电力舱陶瓷管电加热电缆火灾报警探测器实体试验研究

(1)试验目的

根据综合管廊的实际情况以及不同规范的相关要求,通过实体试验开展城市综合管廊电力舱电缆火灾的火灾自动报警的相关研究:

1)考虑不同的火源条件、通风条件、电缆桥架布局对电缆隧道温度特性及烟气蔓延特性的影响,比较不同火灾探测报警系统的探测时间。

2)在此基础上,通过不同试验,考察风速对火灾探测的影响,确定适用的探测器类型及管廊适用条件。

3)在研究烟气蔓延特性的基础上,通过分析烟气密度、烟气成分及烟气毒性等,确定可燃气体探测仪设置的必要性和设置方法。

(2)火灾探测

本次试验通过对缆式线型感温火灾探测器、线型光纤感温火灾探测器、点型感烟火灾探测器和点型感温火灾探测器四种自动报警火灾探测器对不同火源、燃烧物探测报警时间的比较，确定适用的火灾探测器类型。

（3）试验依据

试验大纲依据下列标准及技术文件制定：

1）现行国家标准《火灾自动报警系统设计规范》GB 50016。

2）现行国家标准《城市综合管廊工程技术规范》GB 50838。

3）现行国家标准《城镇综合管廊监控与报警系统工程技术标准》GB/T 51274。

（4）试验方案

综合管廊试验平台位于首安工业消防有限公司研发基地。管廊模型为 L 形，如图 5-13 和图 5-14 所示，分为两段，总长 32.88m，宽 2.7m，高 3.5m。第一段长度为 12.79m，第二段长度为 20.09m。管廊内设置双侧电缆桥架，每侧 8 层，每层桥架长 30m，宽 0.6m，层间距 0.2m，最底层桥架距地面 0.4m。L 形模型可分为两个试验段，根据火灾发展规律，第一段着重用于分析火灾温度特性，第二段着重用于分析烟气蔓延特性。

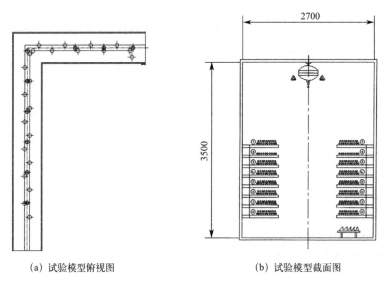

(a) 试验模型俯视图　　　　　　　　　　(b) 试验模型截面图

图 5-13　试验模型图

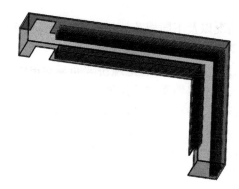

图 5-14　试验模型效果图

1）模拟火源及电缆布置

①小规模火（电加热）：直接加热阻燃电缆外护套。选用线型陶瓷电加热器，模拟电缆自身出现故障，发生燃烧的情况。由热处理温度控制箱和线型陶瓷电加热器组成，其额定功率为 10kW，最高调节温度为 600℃，试验中设定温度为 300℃。

②可燃物、点火方式、火源位置、电缆布置间距

可燃物、点火方式、火源位置、电缆布置间距依据现行国家标准《细水雾灭火系统技术规范》GB 50898 中附录 A.4 并结合工程实际需要进行敷设、布置和确定。火源位置布置图如图 5-15 所示。

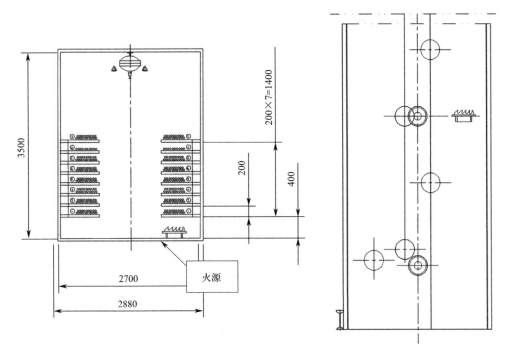

图 5-15　火源位置布置图

各层电缆（可燃物）的数量和规格如表 5-5 所示：

各层电缆（可燃物）数量和规格　　表 5-5

桥架数	电缆外径(mm)	电缆数量
1(顶层)	≤顶层	40
2	12～14	40
3	14～20	40
4	14～20	30
5	20～30	30
6	20～30	15
7	30～40	10
8(底层)	＞40	5

2）测量参数

①温度参数

参照现行国家标准《细水雾灭火系统技术规范》GB 50898 中附录 A.4 并结合管廊实际长度及电缆桥架布局情况，在气体燃烧器正上方布置 1 个测量温度的热电偶，并在空间中央吊顶下 150mm 处和自顶部向下第 2 层电缆桥架中央，每间隔 2.5m 分别设置 2 组热电偶；当风速大于 2m/s 时，自顶部向下第 4 层电缆桥架中央再增设一组热电偶。具体如图 5-16 和图 5-17 所示。

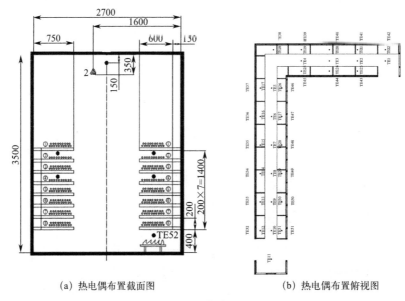

(a) 热电偶布置截面图　　　　　　　(b) 热电偶布置俯视图

图 5-16　温度传感器布置图

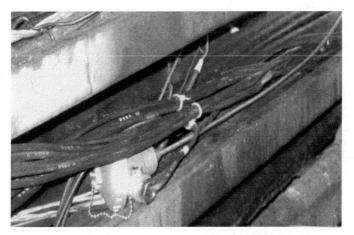

图 5-17　温度传感器（热电偶）在试验模型中的布置

②电缆发热试验时温度测温点设置

a. 电缆过热模拟试验装置的确定

采用电缆过热模拟试验装置建立电缆过热火灾模拟试验的火灾场景。该装置由温度控制箱、线型陶瓷电加热器、热电偶等组成，线型陶瓷电加热器外部包覆电缆护套，以模拟电缆过载发热时的工况。线型陶瓷电加热器额定功率 10kW，最高调节温度 600℃。由于电缆过载故障导致的电缆外表皮温度升高并不是一个突变过程，因此在开展电缆过热火灾模拟试验时，电缆过热模拟装置采用缓慢温升（5～10℃/min）的方式将整段线型陶瓷电加热器加热。

b. 温度采集传感器（热电偶）的布置（图 5-18）

ⅰ. 沿第 4 层桥架上敷设的模拟电缆发热的试验电缆方向，每隔 2m 设置 1 个热电偶，共计 5 个热电偶，用于实时采集模拟发热电缆表皮的温度变化情况。

ⅱ. 在第 3 层桥架的下方，每隔 2m 设置 1 个热电偶，共计 5 个热电偶，用于实时采集采用悬挂式敷设线型感温火灾探测器周围的温度变化情况。

ⅲ. 沿试验模型顶棚的中央位置每隔 2m 设置 1 个热电偶，共计 5 个热电偶，用于实时采集安装于顶棚位置的点型感温火灾探测器、线型感温火灾探测器周围的温度变化情况。

ⅳ. 在安装于第 5 层桥架上的模拟电缆接头发热体附近，设置 1 个热电偶，用于实时采集模拟电缆接头发热体周围的温度变化情况。

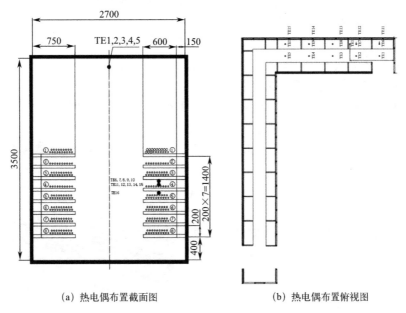

（a）热电偶布置截面图　　　　　　（b）热电偶布置俯视图

图 5-18　温度采集传感器（热电偶）布置图

③风速参数

通过管廊风机调节风速，试验前应进行风速测量和调节，测量点位于通道中心位置，测量点风速不应小于 1m/s。

④火灾探测

点型感烟火灾探测器、点型感温火灾探测器、缆式线型感温火灾探测器报警信号传输到火灾报警控制器，并记录报警时间等参数（图 5-19 和图 5-20）。

（5）火灾探测布置方案

1）缆式线型感温火灾探测器以三种方式敷设：

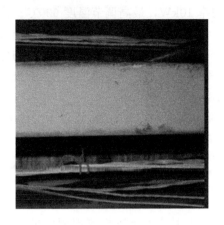

图 5-19　缆式线型感温火灾探测器
在试验模型中的布置

图 5-20　点型感烟火灾探测器、点型
感温火灾探测器在试验模型中的布置

①正弦波接触敷设于线型陶瓷电加热器所在的电缆层。

②以悬挂辐射方式安装于陶瓷电加热器所在的电缆桥架的顶部。

③隧道顶棚悬挂敷设，距离隧道顶部约 10cm。

2）分布式光纤线型感温火灾探测器采用两种方式敷设：

①以悬挂辐射方式安装于陶瓷电加热器所在的电缆桥架的顶部。

②隧道顶棚悬挂敷设，距离隧道顶部约 10cm。

3）点型感烟火灾探测器、点型感温火灾探测器安装于隧道顶棚。

4）点型红外火焰探测器和图像型火灾探测器安装于东西向电缆廊道西侧的上部，其角度可根据需要予以调整。

5）温度采集传感器（热电偶）应在模拟电缆接头发热装置处设置。

记录火灾探测器响应时间，依据试验结果，分析、选择适用的探测器类型和设置方式。模拟电缆发热状态如图 5-21 所示。

试验设备及数据记录

① 试验设备

热电偶、温度采集系统、风速计、秒表、录像机、照相机、压力表。

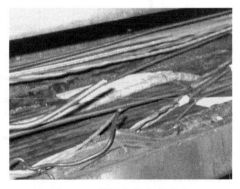

图 5-21　模拟电缆发热状态

② 数据记录

a. 热电偶记录管廊内的温度变化。

b. 在管廊端部设置风速计，测量管廊内风速。

c. 火灾自动报警探测器响应时间。

d. 用秒表记录灭火时间、持续时间。

e. 摄像机录制火场视频，以期观察烟气、火焰等状况。

f. 照相机记录现场情况及试验过程，以观察试验状况。

（6）试验、记录与总结

1）试验方法和步骤

按试验要求，将陶瓷加热管放置到电缆护套内，以模拟电缆过热现象。陶瓷加热管长度为20m，功率为10kW，将可控温的线型陶瓷电加热器升温速率设定为10℃/min，实际温升速率5～9℃/min。试验共进行三次，第三次试验中，同步进行了系统联动灭火试验，联动关系为试验区域内任一探测器报火警，启动声光报警器，任意两个探测器报火警启动细水雾灭火装置。

2）试验记录（表5-6～表5-8）

试验记录一　　表5-6

探测器类型	报警时间	报警时加热陶瓷管温度	报警时模拟电缆表皮温度	备注
缆式线型差定温火灾探测器	6min 50s	79℃	37℃	接触式敷设
分布式光纤线型差定温火灾探测器	10min 40s	110℃	79℃	接触式敷设
缆式线型定温火灾探测器	11min 50s	118℃	87℃	接触式敷设
缆式线型定温火灾探测器	15min 30s	147℃	101℃	悬挂敷设于5、6层之间
缆式线型定温火灾探测器	未报警	—	—	悬挂敷设于5、6层之间
分布式光纤线型差定温火灾探测器	未报警	—	—	悬挂敷设于5、6层之间
缆式线型差定温火灾探测器	未报警	—	—	悬挂敷设于电缆廊道顶棚
缆式线型定温火灾探测器	未报警	—	—	悬挂敷设于电缆廊道顶棚
分布式光纤线型差定温火灾探测器	未报警	—	—	悬挂敷设于电缆廊道顶棚
点型感烟火灾探测器	15min 40s	151℃	103℃	安装于廊道顶部
点型感温火灾探测器	未报警	—	—	安装于廊道顶部

试验记录二　　表5-7

探测器类型	报警时间	报警时加热陶瓷管温度	报警时模拟电缆表皮温度	备注
缆式线型差定温火灾探测器	10min 39s	92℃	60℃	接触式敷设
分布式光纤线型差定温火灾探测器	12min 40s	110℃	79℃	接触式敷设
缆式线型定温火灾探测器	13min 26s	135℃	89℃	接触式敷设
缆式线型定温火灾探测器	16min 10s	147℃	101℃	悬挂敷设于5、6层之间
缆式线型定温火灾探测器	未报警	—	—	悬挂敷设于5、6层之间
分布式光纤线型差定温火灾探测器	未报警	—	—	悬挂敷设于5、6层之间
缆式线型差定温火灾探测器	未报警	—	—	悬挂敷设于电缆廊道顶棚
缆式线型定温火灾探测器	未报警	—	—	悬挂敷设于电缆廊道顶棚
分布式光纤线型差定温火灾探测器	未报警	—	—	悬挂敷设于电缆廊道顶棚
点型感烟火灾探测器	15min 50s	142℃	98℃	安装于廊道顶部
点型感温火灾探测器	未报警	—	—	安装于廊道顶部

试验记录三

表 5-8

探测器类型	报警时间	报警时加热陶瓷管温度	报警时模拟电缆表皮温度	备注
缆式线型差定温火灾探测器	10min 2s	90℃	62℃	接触式敷设
分布式光纤线型差定温火灾探测器	11min 40s	95℃	79℃	接触式敷设
缆式线型定温火灾探测器	13min 15s	137℃	90℃	接触式敷设
缆式线型差定温火灾探测器	未报警	—	—	悬挂敷设于5、6层之间
缆式线型定温火灾探测器	未报警	—	—	悬挂敷设于5、6层之间
分布式光纤线型感温火灾探测器	未报警	—	—	悬挂敷设于5、6层之间
缆式线型差定温火灾探测器	未报警	—	—	悬挂敷设于电缆廊道顶棚
缆式线型定温火灾探测器	未报警	—	—	悬挂敷设于电缆廊道顶棚
分布式光纤线型感温火灾探测器	未报警	—	—	悬挂敷设于电缆廊道顶棚
点型感烟火灾探测器	13min 13s	137℃	90℃	安装于廊道顶部
点型感温火灾探测器	未报警	—	—	安装于廊道顶部

3）结果分析

根据试验结果，当电力管廊内出现底部的引燃火源时，可以得出：

①在电力管廊内，所有火灾报警探测器均采用接触式敷设时，报警时间（由快到慢）的顺序为：缆式线型差定温火灾探测器、分布式光纤线型差定温火灾探测器、缆式线型定温火灾探测器。接触式敷设方式下三种探测器报警时间对比如图 5-22 所示。

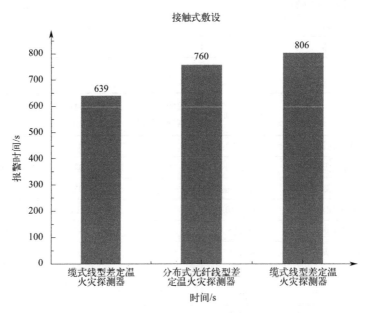

图 5-22　接触式敷设方式下三种探测器报警时间对比

②当火灾自动报警探测器采用悬挂的方式敷设于电缆桥架 5、6 层之间时，只有缆式线型差定温火灾探测器有报警动作，且报警时间长于接触式敷设。

③当火灾自动报警探测器采用悬挂的方式敷设于电缆廊道顶棚时，三种火灾自动报警

探测器均未动作。

④对比点型感烟火灾与点型感温火灾探测器，两种探测器均安装于廊道顶部，三次工况下均只有点型感烟探测器动作。

4）试验结果总结

采用缆式线型感温火灾探测器与被保护电缆接触敷设的方式，可以较早地发现廊道内电缆桥架上电缆过载发热引起温度异常升高现象，能够对电缆过载发热引起火灾早期报警；对于非接触式安装的感温火灾探测器，由于探测器附近的环境温度受悬挂高度、环境风速、发热体的大小等因素影响，不能到达探测器的报警阈值，此次试验中，即使探测器悬挂于 5、6 层桥架间，悬挂高度小于 10cm，探测器依然没能报警，可见非接触式安装的感温火灾探测器只有环境温度到达其报警阈值时，才能发出火灾报警信号。在廊道内，阴燃火源状态下，点型感烟火灾探测器中感烟火灾探测器对烟粒子浓度较为敏感，可以发出报警信号，且报警时间较短。

5.2.4　电力舱陶瓷管电加热及明火加热电缆火灾报警探测器实体试验研究

（1）试验目的

为研究综合管廊不同火灾探测器的响应性能，本次试验选取了四种火灾探测器，分别是：缆式线型感温火灾探测器、分布式光纤线型感温火灾探测器、点型感烟火灾探测器和图像型火灾探测器。通过火灾释放的热量或烟气来综合对比管廊内发生火灾时，每种火灾探测器的响应时间。

（2）试验依据

试验大纲依据下列火灾自动报警系统标准及技术文件制定：

1）现行国家标准《火灾自动报警系统设计规范》GB 50016。

2）现行国家标准《城镇综合管廊监控与报警系统工程技术标准》GB/T 51274。

3）现行国家标准《城市综合管廊工程技术规范》GB 50838。

（3）试验模型

综合管廊试验平台位于首安工业消防有限公司研发基地。管廊模型长为 L 形，如图 5-23、图 5-24 所示，分为两段，总长 32.88m，宽 2.7m，高 3.5m。第一段长度为 12.79m，第二段长度为 20.09m。管廊内设置双侧电缆桥架，每侧 8 层，每层桥架长 30m，宽 0.6m，层间距 0.2m，最底层桥架距地面 0.4m。试验模型的设计符合现行国家标准《细水雾灭火系统技术规范》GB 50898 要求。L 形模型可分为两个试验段，根据火灾发展规律，第一段着重用于分析火灾温度特性，第二段着重用于分析烟气蔓延特性。

试验材料：非阻燃电缆。

试验器材：缆式线型感温火灾探测器、分布式光纤线型感温火灾探测器、点型感烟火灾探测器和图像型火灾探测器。

测试器材：热像仪、热电偶、秒表、照相机、录像机等、风速仪、风速变频调节设备等。

火源类型：陶瓷管电加热、酒精火。

（4）试验测试数据

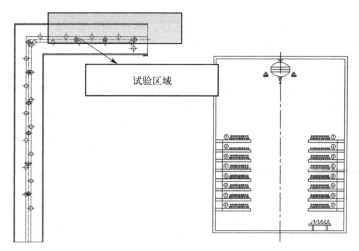

图 5-23 试验模型图

图 5-24 试验管廊舱室实体图

1）火灾自动报警探测器响应时间。

2）管廊内温场变化。

3）管廊内风速大小。

4）工况下电缆温度大小。

（5）试验注意事项

1）每次试验后注意恢复舱室内温度，更换试验点。

2）试验后将电缆阴燃后的有毒气体排净，避免对试验人员人体造成伤害。

3）注意观测并记录火灾预燃时间。

4）明火试验时，严格把控灭火开始时间。

（6）试验方案

1）火灾探测器布置

①缆式线型感温火灾探测器

根据现行国家标准《火灾自动报警系统设计规范》GB 50116 的要求，缆式线型感温火灾探测器应采用 S 形布置在每层电缆的上表面。

本次试验将定温式感温电缆以接触式方式布置在每层电缆的上表面，将差定温缆式感温电缆用吊装的方式安装在每层电缆夹层上方，在陶瓷管电加热的工况下，在电缆加热层敷设差定温感温电缆。具体布置如图 5-25 和图 5-26 所示。

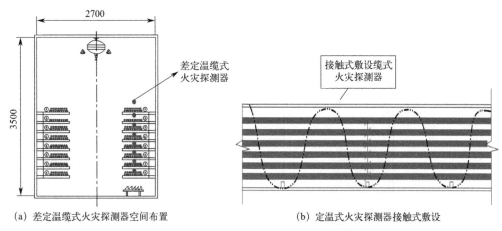

（a）差定温缆式火灾探测器空间布置　　　（b）定温式火灾探测器接触式敷设

图 5-25　缆式线型感温火灾探测器布置示意图

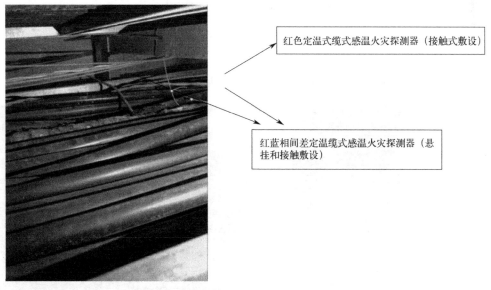

图 5-26　缆式线型感温火灾探测器布置图

②分布式光纤线型感温火灾探测器

布置方法根据现行国家标准《城镇综合管廊监控与报警系统工程技术标准》GB/T 51274 对线型感温火灾探测器的标准：选择线型感温火灾探测器，在每层或每两层电缆托架上方采用吊装方式设置线型感温火灾探测器，用于对电力电缆着火时托架区域温度变化的及时探测报警以及时确认火灾，联动控制自动灭火系统启动，实施灭火。现行国家标准《城市综合管廊工程技术规范》GB 50838 规定，应在电力电缆表层设置线型感温火灾探测器，并应在舱室顶部设置线型光纤感温火灾探测器或感烟火灾探测器，或与视频系统相结合，设置图像型火灾探测器。

根据规范要求，本次试验在电力舱室顶部和每层电缆夹层上方同时设置分布式光纤线型感温火灾探测器（图 5-27、图 5-28）。

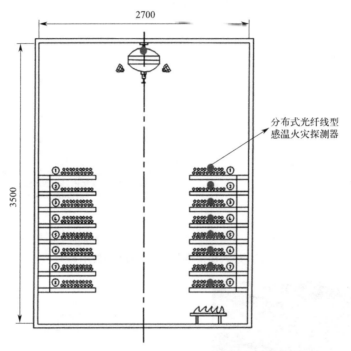

图 5-27 分布式光纤线型感温火灾探测器布置示意图

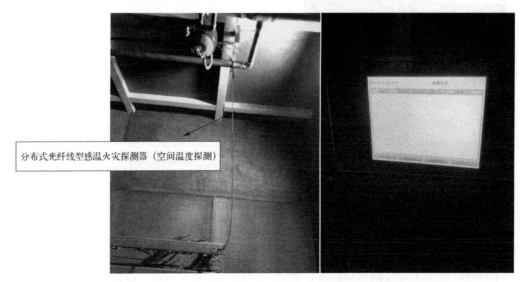

图 5-28 分布式光纤线型感温火灾探测器实际布置示意图及主机

③点型感烟火灾探测器

根据现行国家标准《火灾自动报警系统设计规范》GB 50116：在宽度小于 3m 的内走道顶棚布置点型火灾探测器时，宜居中布置，感温火灾探测器的安装间距不应超过 10m，感烟火灾探测器的安装间距不应超过 15m；探测器至端墙距离，不应大于探测安装间距的 1/2。

根据试验工段长度，在电力舱室顶部按照间距设置感烟火灾探测器，且在电力舱室顶部两端布置点型两个点型感烟火灾探测器（图 5-29）。

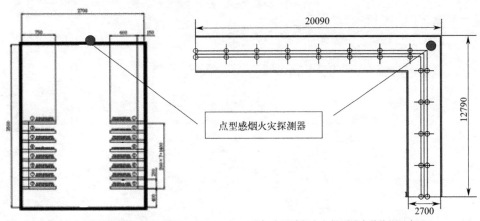

（a）点型感烟火灾探测器断面安装示意图　　　　（b）点型感烟火灾探测器安装俯视示意图

图 5-29　点型感烟火灾探测器布置示意图

④图像型火灾探测器

视频火灾图像型火灾探测器按照规范安装在电力舱室内，根据现行国家标准《城市综合管廊工程技术规范》GB 50838，应在电力电缆表层设置线型感温火灾探测器，并应在舱室顶部设置线型光纤感温火灾探测器或感烟火灾探测器，或与视频系统相结合，设置图像型火灾探测器。

本次试验中，将图像型火灾探测器布置在试验管廊次试型拐角处，且安装在管廊顶部。如图 5-30、图 5-31 所示。

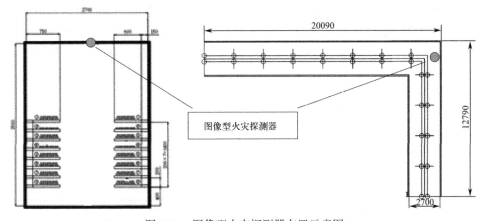

图 5-30　图像型火灾探测器布置示意图

图 5-31　图像型火灾探测器布置点

2）火源布置

管廊内电缆发生火灾时，火灾规模不相同，因此在各种火灾下，多种火灾探测器的报警时间应进行研究。

根据火灾类型的不同，本次试验考虑 2 种不同的火源，一是陶瓷管电加热，这个模拟的是电缆自身短路导致电缆护套引燃，既产生烟又产生少量热量导致火灾的情况；二是酒精加热火源，这个工况模拟的是在外部火源影响下，电缆燃烧引发火灾的情况。

陶瓷管电加热：直接加热阻燃电缆外护套。选用线型陶瓷电加热器，模拟电缆自身出现故障，发生燃烧的情况。由热处理温度控制箱和线型陶瓷电加热器组成，其额定功率为 10kW，最高调节温度为 600℃，试验中设定最高温度为 150℃，每分钟上升 10℃。

酒精火源：参照现行欧洲标准《火灾和火灾报警系统》EN54-22 的相关规定，中规模火采用 330mm 油盘的酒精火进行模拟，总计倒入 1.5L 酒精。火源功率根据计算约为 241kW。实际火源参数如表 5-9 所示。

实际火源参数表　　　　　　　　　　　　　　　　表 5-9

火源类型	火源功率（kW）	油盘尺寸（cm×cm）	面积（cm²）	燃料体积（mL）	燃料密度（g/mL）	燃料质量（g）
酒精火源	241	33×33	1089	1500	0.79	1185

火源位置选取 3 个，分别位于电缆夹层最底层、中间层以及电缆夹层最高层，在整个试验管廊中位于中部位置，距入口大约 5m 处（图 5-32）。

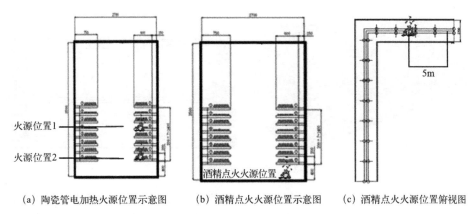

(a) 陶瓷管电加热火源位置示意图　　(b) 酒精点火火源位置示意图　　(c) 酒精点火火源位置俯视图

图 5-32　火源位置示意图

3）试验设备

①热电偶

试验火源最高温度一般不会超过 800℃，选取 K 形铠装热电偶作为温度传感器，并选取相应系统主机对测温点温度进行采集，该设备需满足记录温度值的功能，并且能够满足每 1s 采集一次数据的要求。

本次试验一共使用 16 个热电偶，编号为 A1～A16，其中 A1～A5 接触式敷设在加热电缆上，具体位置为自顶部向下第 4 层电缆桥架中央，A6～A10 布置在加热电缆上方桥架，A11～A15 布置在空间中央吊顶下 150mm 处，一个断面共设置 3 个热电偶，一共布置 5 个断面，每个断面间隔 2.5m，剩余 1 个热电偶随着工况变化变动位置，如图 5-33 和图 5-34 所示。

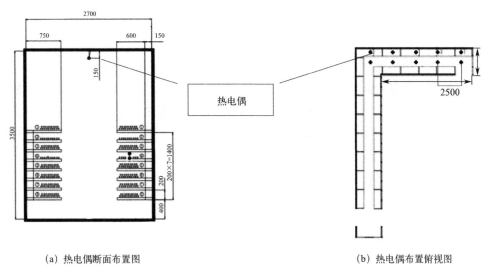

(a) 热电偶断面布置图　　　　　　　　　(b) 热电偶布置俯视图

图 5-33　热电偶布置示意图

②双温自记仪

双温自记仪是一种智能化的温度测量和记录装置，它以微处理器为核心，能定时对目

图 5-34　热电偶布置模型示意图

标温度进行自动测量，并把测量结果保存在内部的存储器中。它结构紧凑，使用方便，不但能节省大量的人工监测时间，而且还可用于人工无法监测的危险环境及有限空间，广泛应用于气象、空调系统调试、供暖管网运行调节等各种需要连续测量温度的场合。

本次试验共布置 8 个双温自记仪模块，一共 16 个测温点（图 5-35）。分别布置在①④⑤⑦桥架上方位置。目的是探测试验时，阴燃条件下管廊空间的温度场分布。

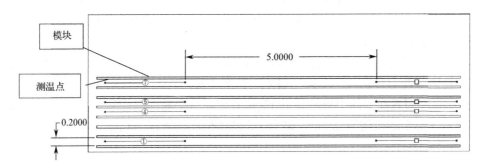

图 5-35　双温自记仪布置示意图

③风速调节设备

根据现行美国防火协会标准《电线电缆的火灾和烟气特性试验方法》NFPA 262 对电线和电缆的着火烟雾特征试验要求，隧道初始风速应为 73m/min，即 1.22m/s。根据典型电缆隧道中的实际风速，按照弗洛德相似性准则运算，并且参考标准进行调整，考虑到设备调整的风速精度，隧道中的风速值可设置为 0.5m/s 和 1.5m/s。风机与变频调速器如图 5-36 所示。

④风速测量设备

选用阵列型风速仪，量程在 0～5m/s，测量精度在 0.01m/s。测量断面应选择在管廊内气流平稳、扰动小的平直段。

本次试验中，使用阵列型风速仪［图 5-37（a）］测管廊内断面平均风速，使用手持式风速仪［图 5-37（b）］测试管廊入口补风风速。风速测试点示意图如图 5-38 所示。

⑤摄像、照相设备

本次试验中使用照相机拍摄，记录发烟、点燃、烟气蔓延等试验现象，为了更好地观测试验，将摄像机、照相机放置在管廊入口。

（7）工况设置

图 5-36　风机与变频调速器

（a）阵列型风速仪　　　　　　　（b）手持式风速仪

图 5-37　阵列型风速仪、手持式风速仪

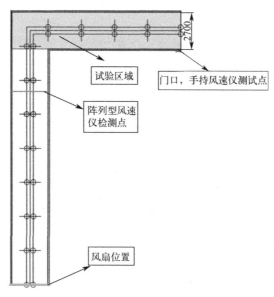

图 5-38　风速测试点示意图

选用阵列型风速仪，量程在 0～5m/s，测量精度在 0.01m/s。测量断面应选择在管廊内气流平稳、扰动小的平直段。

本次试验通过设置不同位置、不同风速的工况，对比不同种类火灾探测器的性能，根据管廊内实际情况，选取最不利探测点和常规位置进行试验，选取阴燃和明火情况，并且选取 0.5m/s 和 1.5m/s 两种风速。工况设置如表 5-10 所示。

工况设置表
表 5-10

编号	火源规模	点燃方式	火源位置	风速(m/s)	试验目的
C1	小规模火	陶瓷管电加热	位置1	0.5	热电偶测温变化、探测器的报警时间、烟气蔓延
C2			位置1	1.5	
C3			位置2	0.5	
C4	241kW	酒精点火	酒精火源点火位置	0.5	

（8）试验步骤

1）试验准备：

开启变频风速调节设备，调整风速，稳定后开始下一步。

开启各设备数据采集，检查数据收集系统是否处于正常；录像机开启，热像仪开启，热电偶开始记录。

2）陶瓷管电加热开始。记录点火时间，预燃时间不少于 2min。

3）出现首个报警信号后，观察火灾报警系统联动情况，记录各个火灾报警探测器的报警时间、报警温度、报警位置。

4）灭火（采用干粉灭火器或其他有效灭火系统）。

5）保存热电偶、双温自记仪、阵列风速仪等所采集的数据，记录电力舱室内温度变换曲线等数据。

（9）数据分析

工况 1（陶瓷管电加热、0.5m/s 风速、位置 1）

1）试验参数

试验时间：11：26～11：53；总时长 27min。

试验风速：经阵列型风速仪测定，管廊内风速约为 0.42m/s，接近工况设定风速 0.5m/s。补风口（管廊入口处）平均风速约为 0.82m/s。

火源类型：陶瓷管电加热。

2）探测器报警时间（表 5-11）

探测器报警时间汇总表
表 5-11

探测器型号	报警时间 (试验开始后计时)	报警时温度	备注
缆式线型差定温火灾探测器	12min 01s(接触式)	126℃(陶瓷管加热) 100℃(模拟电缆表皮)	报警位置位于电缆加热桥架层，缆式线型差定温火灾探测器分别以接触和悬挂方式敷设，并在试验时发出报警信号
	17min 18s(悬挂式)	150℃(陶瓷管加热) 131℃(模拟电缆表皮)	

续表

探测器型号	报警时间 （试验开始后计时）	报警时温度	备注
缆式线型定温 火灾探测器	15min 43s（接触式）	143℃（陶瓷管加热） 121℃（模拟电缆表皮）	报警位置位于电缆加热桥架层，缆式 线型定温火灾探测器以接触方式敷设， 并在试验时发出报警信号
点型感烟火灾 探测器	24min 02s	150℃（陶瓷管加热） 150℃（模拟电缆表皮）	电缆阴燃一段时间后分解产生气体， 浓度到达阈值后发出报警信号
分布式光纤线型 感温火灾探测器	—	—	—
图像型火灾探测器	—	—	—

注：未填写表示试验过程中未报警。

小结：在试验时间内，电缆在阴燃状态下，敷设在电缆表面的缆式线型差定温火灾探测器最先报警，报警时间为 12min 01s，报警时陶瓷管加热温度为 126℃，电缆表皮温度约为 100℃。随后接触式的缆式线型定温火灾探测器报警，报警时间为 15min 43s。经过约 2min 后，探测空间的悬挂式的缆式线型差定温火灾探测器也发出了报警信号。随着试验时间增加，电缆外皮经加热开始产生烟雾，在 24min 02s 被顶部点型感烟火灾探测器捕捉到。进行到 27min 时，试验结束。试验过程中，分布式光纤线型感温火灾探测器和图像型火灾探测器并未报警。

3）双温自记仪器数据

①管廊桥架底部空间温场（图 5-39）

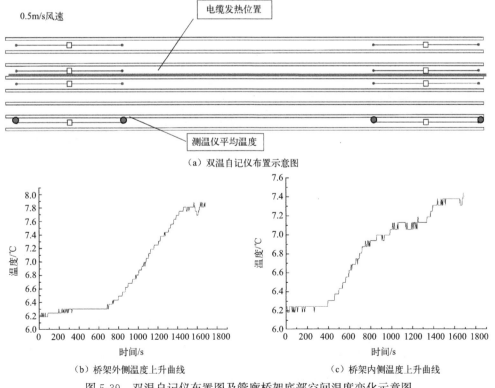

（a）双温自记仪布置示意图

（b）桥架外侧温度上升曲线　　　（c）桥架内侧温度上升曲线

图 5-39　双温自记仪布置图及管廊桥架底部空间温度变化示意图

②管廊桥架中部空间温场（图 5-40）

（a）双温自记仪布置示意图

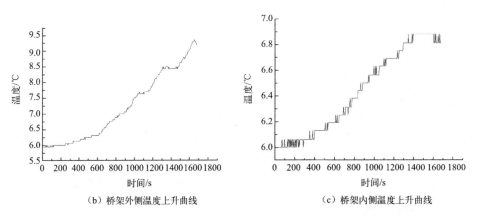

（b）桥架外侧温度上升曲线　　　（c）桥架内侧温度上升曲线

图 5-40　双温自记仪布置示意图及管廊桥架中部空间温度变化示意图

③管廊桥架上部空间温场（图 5-41）

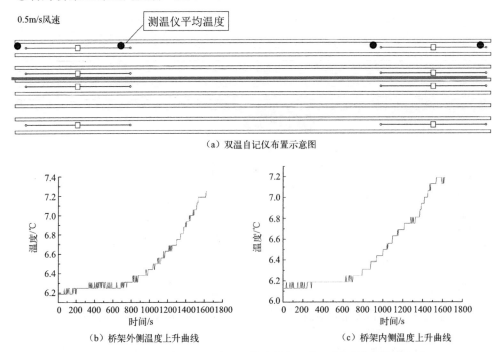

（a）双温自记仪布置示意图

（b）桥架外侧温度上升曲线　　　（c）桥架内侧温度上升曲线

图 5-41　双温自记仪布置示意图及管廊桥架上部空间温度变化示意图

小结：通过双温自记仪数据可以得出，在试验时间内，接近发热电缆的桥架空间温度变化最大，从 6℃提升到了 9.5℃，桥架底部与桥架上层虽然有温升情况出现，但温度变化不大。

4）热电偶数据

管廊热电偶空间探测器示意图如图 5-42 所示。

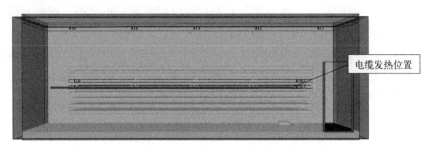

图 5-42 管廊热电偶空间探测器示意图

A1～A5 接触式敷设在电缆上，A6～A10 悬挂式敷设，以探测空间温度，A11～A15 探测顶部温度。

①接触式（A1～A5）、悬挂式（A6～A10）热电偶温度平均温升（图 5-43 和图 5-44）

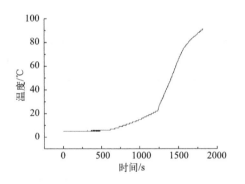

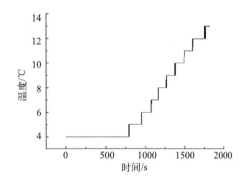

图 5-43 电缆表皮温度上升曲线　　图 5-44 电缆桥架空间温度上升曲线

②顶部热电偶（A11～A15）温度变化数据（图 5-45）

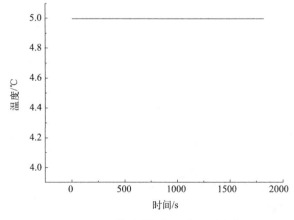

图 5-45 电缆隧道顶部温度上升曲线

小结：通过热电偶数据可以得出，在试验时间内，电缆外皮在阴燃状态下，温度在 0~9min 变化不大，缓慢增长；在 9~19min 增长幅度提高，大约 20min 时开始飞速增长，最高可达到 92℃。探测桥架空间的热电偶升温 10℃，从 4℃ 升到了 14℃，变化较小，而顶部的热电偶几乎没有变化，电缆在阴燃时，顶部的温度探测器很难动作。

5）试验小结

根据探测器报警时间汇总、热电偶与双温自记仪的数据分析可得，接触式的差定温型缆式线型感温火灾探测器报警最快，定温型稍微慢一些。在阴燃状态下，空间温度变化不大，因此试验管廊顶部的感温火灾探测器并未动作。当电缆外皮经阴燃分解气体后，经时间增长浓度达到报警阈值，管廊顶部的点型感烟探测器动作。试验过程中，分布式光纤线型感温火灾探测器和图像型火灾探测器并未报警。

工况 2（陶瓷管电加热、1.5m/s 风速、位置 1）

1）试验参数

试验时间：13：41~14：08；总时长 27min。

试验风速：经阵列型风速仪测定，管廊内风速约为 1.3m/s，接近工况设定风速 1.5m/s。补风口（管廊入口处）平均风速约为 3.13m/s。

火源类型：陶瓷管电加热

2）探测器报警时间（表 5-12）

探测器报警时间汇总表　　　　　　　　　　　　表 5-12

探测器型号	报警时间 （试验开始后计时）	报警时温度	备注
缆式线型差定温火灾探测器	23min 26s(接触式)	150℃（陶瓷管加热） 77℃（模拟电缆表皮）	报警位置位于电缆加热桥架层，缆式线型差定温火灾探测器分别以接触和悬挂方式敷设，并在试验时发出报警信号
缆式线型定温火灾探测器	—	—	报警位置位于电缆加热桥架层，缆式线型定温火灾探测器以接触方式敷设，并在试验时发出报警信号
点型感烟火灾探测器	24min 13s	150℃（陶瓷管加热） 82℃（模拟电缆表皮）	电缆阴燃一段时间后分解产生气体，浓度到达阈值后发出报警信号
分布式光纤线型感温火灾探测器	—	—	—
图像型火灾探测器	—	—	—

注：未填写表示试验过程中未报警。

小结：在试验时间内，管廊内平均风速达到 1.3m/s 的情况下，敷设在电缆表面的缆式线型差定温火灾探测器最先报警，报警时间为 23min 26s，报警时陶瓷管加热温度为 126℃，电缆表皮温度约为 77℃。1min 后，在 24min 13s 时，顶部的点型感烟火灾探测器发出了报警信号。进行到 27min 时，试验结束。试验过程中，缆式线型定温火灾探测器、分布式光纤线型感温火灾探测器和图像型火灾探测器并未报警。

3）双温自记仪器数据

①管廊桥架底部空间温场（图 5-46）

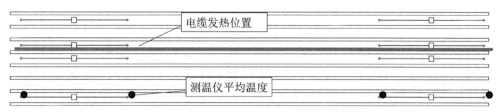

（a）双温自记仪布置示意图

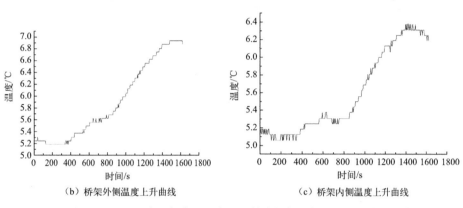

（b）桥架外侧温度上升曲线　　　　　（c）桥架内侧温度上升曲线

图 5-46　双温自记仪布置示意图及管廊桥架底部空间温度变化示意图

②管廊桥架中部空间温场（图 5-47）

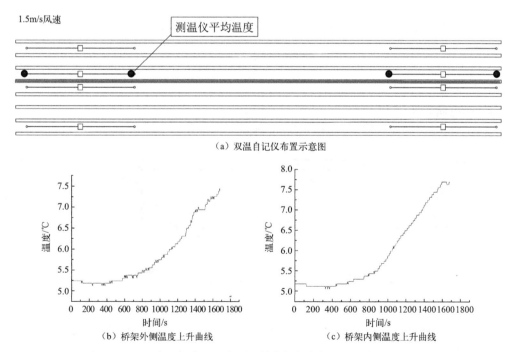

（a）双温自记仪布置示意图

（b）桥架外侧温度上升曲线　　　　　（c）桥架内侧温度上升曲线

图 5-47　双温自记仪布置示意图及管廊桥架中部空间温度变化示意图

③管廊桥架上部空间温场（图 5-48）

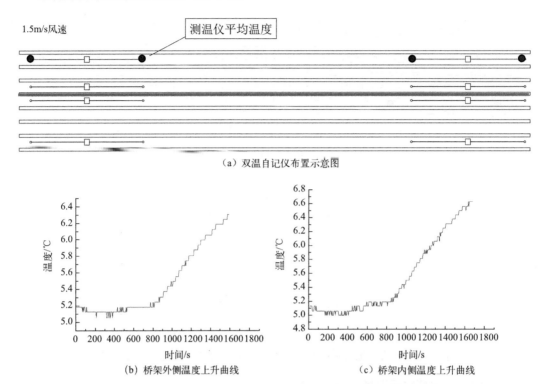

图 5-48　双温自记仪布置示意图及管廊桥架上部空间温度变化示意图

小结：通过双温自记仪数据可以得出，在试验时间内，接近发热电缆的桥架空间温度变化最大，从 5.25℃提升到了 8℃，桥架底部与桥架上部在试验初期温度产生波动，虽然有温升情况出现，但温度变化不大。由于风速较大，整体管廊空间与外界热量交换较快，故整个空间温度变化不大。

4）热电偶数据

管廊热电偶空间探测器示意图如图 5-49 所示。

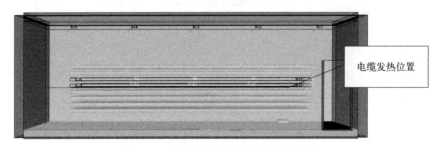

图 5-49　管廊热电偶空间探测器示意图

A1～A5 接触式敷设在电缆上，A6～A10 悬挂式敷设，以探测空间温度，A11～A15 探测顶部温度。

①接触式（A1～A5）、悬挂式（A6～A10）热电偶温度平均温升（图 5-50 和图 5-51）

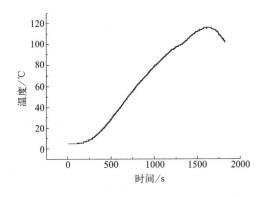

图 5-50　电缆表皮温度上升曲线

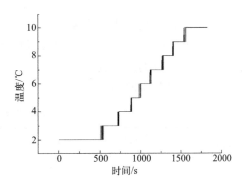

图 5-51　电缆桥架空间温度上升曲线

②顶部热电偶（A11～A15）温度变化数据（图 5-52）

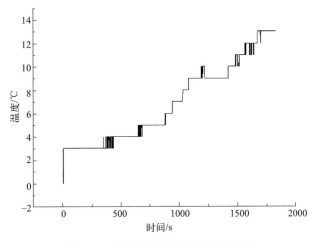

图 5-52　电缆隧道顶部温度上升曲线

小结：通过热电偶数据可以得出，在试验时间内，电缆外皮在阴燃状态下，温度在 0～4min 时变化不大，缓慢增长；在 5min 后，温度增长曲线开始稳定，随着试验时间增加，电缆外皮的温度最高可达到 116℃。探测桥架空间的热电偶升温 8℃，从 2℃升到了 10℃，变化较小。顶部的热电偶温度波动较为厉害，同时也有一定温升，从 2.5℃升到了 12.5℃。

5）试验小结

根据探测器报警时间汇总、热电偶与双温自记仪的数据分析可得，由于本次试验风速较大，各个探测器的报警时间较风速较小时均有所延后，其中接触式的差定温型缆式线型感温火灾探测器报警时间为试验开始后 23min 26s，点型火灾探测器为 24min 13s。风速越大，与外界热交换速率越快，越不利于对火灾的初期探测。试验过程中，定温式缆式线型火灾探测器、分布式光纤线型感温火灾探测器和图像型火灾探测器并未报警。

工况 3（陶瓷管电加热、0.5m/s 风速、位置 2）

1）试验参数

试验时间：15：22～11：44；总时长 22min。

试验风速：经阵列型风速仪测定，管廊内风速约为 0.43m/s，接近工况设定风速 0.5m/s。补风口（管廊入口处）平均风速约为 0.82m/s。

火源类型：陶瓷管电加热。

2）探测器报警时间（表 5-13）

探测器报警时间汇总表　　　　　　　　　　　　表 5-13

探测器型号	报警时间（试验开始后计时）	报警时温度	备注
缆式线型差定温火灾探测器	9min 01s（接触式）	85℃（陶瓷管加热）98℃（模拟电缆表皮）	报警位置位于电缆加热桥架层，缆式线型差定温火灾探测器分别以接触和悬挂方式敷设，并在试验时发出报警信号
缆式线型定温火灾探测器	11min 50s（接触式）	107℃（陶瓷管加热）127℃（模拟电缆表皮）	报警位置位于电缆加热桥架层，缆式线型定温火灾探测器以接触方式敷设，并在试验时发出报警信号
点型感烟火灾探测器	15min 02s	150℃（陶瓷管加热）150℃（模拟电缆表皮）	电缆阴燃一段时间后分解产生气体，浓度到达阈值后发出报警信号
分布式光纤线型感温火灾探测器	—	—	—
图像型火灾探测器	—	—	—

注：未填写表示试验过程中未报警。

小结：在试验时间内，电缆在阴燃状态下，敷设在电缆表面的缆式线型差定温火灾探测器最先报警，报警时间为 9min 01s，报警时陶瓷管加热温度为 85℃，模拟电缆表皮温度约为 98℃。随后接触式的缆式线型定温火灾探测器报警，报警时间为 11min 50s。随着试验时间增加，电缆外皮经加热开始产生烟雾，在 15min 02s 被顶部点型感烟火灾探测器捕捉到。进行到 22min 时，试验结束。试验过程中，分布式光纤线型感温火灾探测器和图像型火灾探测器并未报警。

3）双温自记仪器数据

①管廊桥架底部空间温场（图 5-53）

0.5m/s 风速

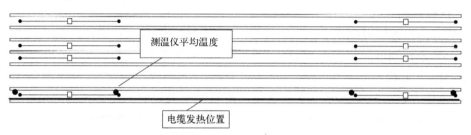

（a）双温自记仪布置示意图

图 5-53　双温自记仪布置示意图及管廊桥架底部空间温度变化示意图（一）

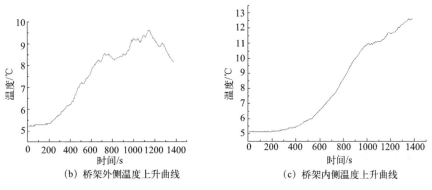

(b) 桥架外侧温度上升曲线　　　　　(c) 桥架内侧温度上升曲线

图 5-53　双温自记仪布置示意图及管廊桥架底部空间温度变化示意图（二）

② 管廊桥架中部空间温场（图 5-54）

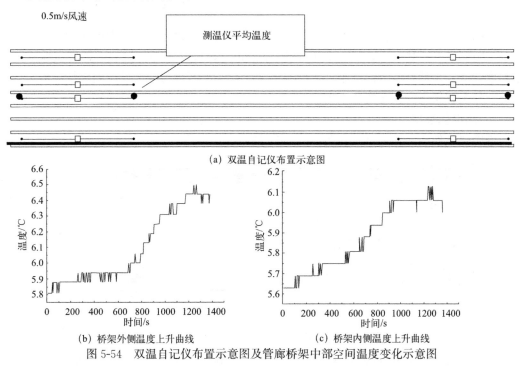

(a) 双温自记仪布置示意图

(b) 桥架外侧温度上升曲线　　　　　(c) 桥架内侧温度上升曲线

图 5-54　双温自记仪布置示意图及管廊桥架中部空间温度变化示意图

③ 管廊桥架上部空间温场（图 5-55）

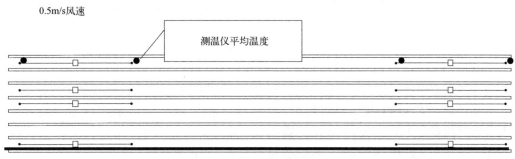

(a) 双温自记仪布置示意图

图 5-55　双温自记仪布置示意图及管廊桥架上部空间温度变化示意图（一）

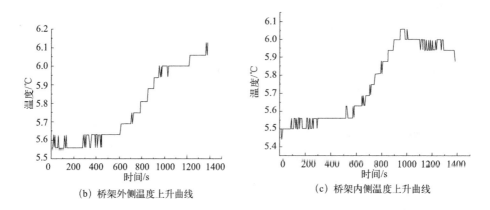

(b) 桥架外侧温度上升曲线　　　　　(c) 桥架内侧温度上升曲线

图 5-55　双温自记仪布置示意图及管廊桥架上部空间温度变化示意图（二）

小结：通过双温自记数据可以得出，在试验时间内，接近发热电缆的桥架也就是最底层桥架空间温度变化最大，从 5.25℃提升到了 13℃，桥架底部与桥架上层在试验初期产生温度波动，虽然有温升情况出现，但温度变化较小。当底层电缆发生阴燃情况时，除本层外，其余各层空间温度变化不大。

4）热电偶数据

管廊热电偶空间探测器示意图如图 5-56 所示。

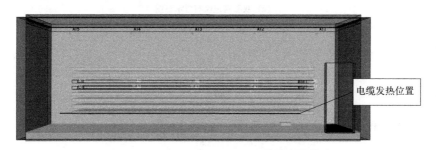

电缆发热位置

图 5-56　管廊热电偶空间探测器示意图

A1～A10 悬挂式敷设探测空间温度，A11～A15 探测顶部温度。由于发热源位置在桥架底部，本工况热电偶主要探测电缆桥架空间温度（图 5-57）与管廊顶部空间温度（图 5-58）。

小结：通过热电偶数据可以得出，在试验时间内，探测桥架空间的热电偶温升较小，在 4℃～5℃之间波动，变化较小。顶部的热电偶温度波动在 3.6～4.6℃。数据显示，电缆在底层桥架阴燃，对空间温场影响不大。

5）试验小结

根据探测器报警时间汇总、热电偶与双温自记仪的数据分析可得，接触式的差定温型缆式线型感温火灾探测器报警时间最快，为试验开始后 9min 01s。随后定温型缆式线型感温火灾探测器在 11min 50s 时发出报警信号，而点型火灾探测器则为 15min 02s。试验过程中，分布式光纤线型感温火灾探测器和图像型火灾探测器并未报警。

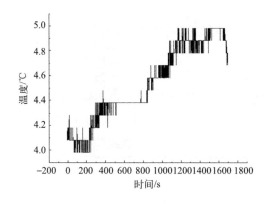

图 5-57 电缆桥架空间温度曲线

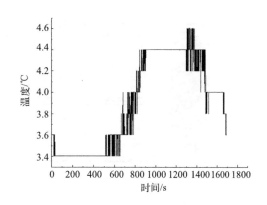

图 5-58 管廊顶部空间温度曲线

工况 4 (酒精火、0.5m/s 风速、酒精点火位置)

1) 试验参数

试验时间：17：13～17：20；总时长 7min。

试验风速：经阵列型风速仪测定，管廊内风速约为 0.45m/s，接近工况设定风速 0.5m/s。补风口 (管廊入口处) 平均风速约为 0.76m/s。

火源类型、功率：酒精点火，241kW。

2) 探测器报警时间 (表 5-14)

探测器报警时间汇总表　　　　　　　　　　　　　　　　表 5-14

探测器型号	报警时间 (试验开始后计时)	报警时温度	备注
缆式线型差定温火灾探测器	24s(接触式、非接触式)	—	报警位置位于最底层,缆式线型差定温火灾探测器分别以接触和悬挂方式敷设,并在试验时发出报警信号
缆式线型定温火灾探测器	1min 15s(接触式)	—	报警位置位于最底层,缆式线型定温火灾探测器以接触方式敷设,并在试验时发出报警信号
点型感烟火灾探测器	5min 44s	—	电缆阴燃一段时间后分解产生气体,浓度到达阈值后发出报警信号
分布式光纤线型感温火灾探测器	5min 03s	—	—
图像型火灾探测器	—	—	—

小结：在试验时间内，底层明火燃烧情况下，敷设在电缆表面的缆式线型差定温火灾探测器最先报警，报警时间为试验开始后 24s，接触式和悬挂式均报警。随后接触式的缆式线型定温火灾探测器报警，报警时间为 1min 15s。在最底层探测空间温度的分布式光纤线型感温火灾探测器在 5min 03s 发出报警信号。随着试验时间增加，电缆外皮经加热开始产生烟雾，在 5min 44s 被顶部点型感烟火灾探测器捕捉到。进行到 7min 时，试验结束。

3) 热电偶数据

管廊热电偶空间探测器示意图如图 5-59 所示。

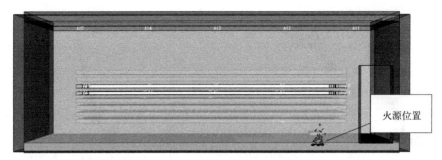

图 5-59　管廊热电偶空间探测器示意图

A1～A10 悬挂式敷设，以探测空间温度，A11～A15 探测顶部温度。由于火源位置在桥架底部，本工况热电偶主要探测电缆桥架空间温度（图 5-60）与管廊顶部空间温度（图 5-61），其中 A16 正对火源上方监测火源温度（图 5-62）。

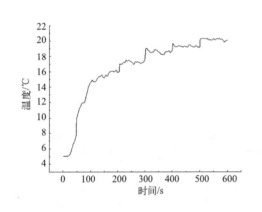

图 5-60　电缆桥架空间温度曲线

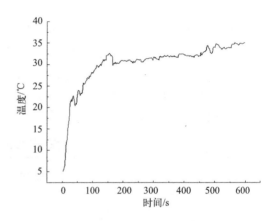

图 5-61　管廊顶部空间温度曲线

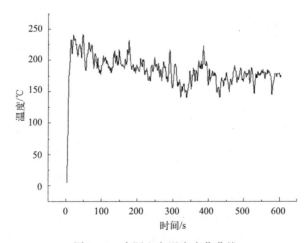

图 5-62　火源上方温度变化曲线

小结：通过热电偶数据可以得出，在试验时间内，电缆层间的温升从 5℃到了接近 22℃，升温曲线平稳，在达到一定温度后不再上升而是产生了波动。顶部热电偶监测的空间温度较高，最高温达到了 35℃，在试验后期，温度曲线在 30～35℃ 之间波动。而正对火源上方的热电偶，最高温达到了 232℃，随着火源燃料减少，温度有稳定下降的趋势。

4）试验小结

根据探测器报警时间汇总、热电偶与双温自记仪的数据分析可得，底层明火燃烧情况下，敷设在电缆表面的缆式差定温火灾探测器最先报警，报警时间为试验开始后 24s，接触式和悬挂式均报警。随后接触式的缆式线型定温火灾探测器报警，报警时间为 1min 15s。在最底层探测空间温度的分布式光纤线型感温火灾探测器在 5min 04s 发出报警信号。随着试验时间增加，电缆外皮经加热开始产生烟雾，在 5min 44s 被顶部点型感烟火灾探测器捕捉到。明火试验时温度上升速率较快，故温感火灾探测器报警时间较阴燃时刻提前很多。

（10）小节

1）根据试验数据，可得出以下结论：

①结合所有工况的报警时间，接触式的缆式线型感温火灾探测器报警时间最快，其中，定温式与差定温式相比，缆式线型差定温感温火灾探测器报警时间稳定且更加快速。

②结合所有工况的报警时间，对空间温度进行监控的火灾探测器，在阴燃工况下，由于管廊温场整体不高，当环境温度达到报警阈值的情况下才发出报警信号，因此在电缆阴燃初期难以探测到火灾发生。

③结合所有工况的报警时间，点型感烟火灾探测器对烟粒子浓度较为敏感，试验中在阴燃状态下的报警时间在 20min 左右，较为稳定。

④对比工况 1、工况 2，管廊内不同风速（0.5m/s、1.5m/s）对探测器的报警时间影响较大，风速越高，报警时间越长。

2）综合管廊内有关火灾报警探测器的试验，对管廊内使用的探测器形成了以下结论：

①点型感烟火灾探测器对烟粒子浓度较为敏感，对电缆燃烧或热解产生的固体或液化微粒能够予以响应，性能稳定可靠。

②采用缆式线型感温火灾探测器与被保护电缆接触敷设的方式，可以较早地发现廊道内电缆桥架上电缆过载发热引起温度异常升高的现象，能够对电缆过载发热引起火灾早期报警。

③分布式光纤型感温火灾探测器能够对管廊内出现明火时产生的温度予以响应，发出报警信号，可作为空间型的火灾探测器。

④图像型火灾探测器可以捕捉到管廊内发生明火时产生的烟粒子和火焰元素，可作为空间型的火灾探测器。

5.3　电缆隧道安全监控与运维管理平台构建

首先以面向电缆隧道三维可视化管理为目标，通过稳定高效的自动化监视与检测设备，将监控区域内各个角落的实时状态迅速采集并传送至监控中心，并在发生事故时能迅速反应处理，使管理人员可以随时掌控管廊内情况。同时在事故发生时对消防、通风、照明、排水等系统或设备进行连锁动作和自动控制，对监控区域内出现的异常情况、危险情况进行综合研判，自动预处理。通过电缆隧道安全监控与运维管理平台，进一步提高电缆

隧道管理的精细化、自动化和智能化水平，确保整个管廊的安全运营和智慧化管理。

（1）研究方案及方法

基于 PSIM 开发电缆隧道安全监控与运维管理平台，根据隧道项目落地应用需求，分阶段集成火灾报警、视频监控、周界防护、门禁管理、电子巡更、智能照明、电子地图、智能井盖、应急预案，形成一套安防综合管理应用服务框架。通过实时监测各个子系统的关键运行数据，实时显示各子系统重要报警信息，全面记录重要设备的运行参数、运行状态，长期记录各子系统历史运行数据、报警记录等信息，提供系统运行、控制和维护策略，从而实现对系统内设备全面有效地监控和管理，确保所有设备处于高效、稳定的运行状态，为用户提供一个安全、舒适、快捷的工作环境。同时借助项目并发实施，研究电缆隧道安全监控与运维管理平台研发设计建设标准的编写制定。

1）系统整体架构（图 5-63）

图 5-63 系统整体架构图

如图 5-63 所示，隧道平台系统的整体架构分为 5 层，从下至上依次为基础平台层、数据资源层、应用支撑层、应用层、用户层。

基础平台层是项目搭建的基础保障，主要体现了系统的运行环境，包括软件环境和硬件环境，软件环境包括 Unity3D 引擎、Arcgis 服务、Tomcat 服务、Mysql 数据库、ActiveMQ 服务等，硬件环境包括 PLC 机柜、门禁系统、内通系统、广播系统、无线定位 AP 等。

数据资源层是整个项目的数据资源保障，数据资源层包括设备配置库、PLC 地址库、门禁配置库、内通记录库、环境采集库、告警分析库、定位数据库、中心数据库等。

应用支撑层是整体应用系统建设的基础保障，应用支撑层主要包括防区管理、设备类型管理、场景管理、用户管理、角色管理、门禁接入管理等。

系统的主要业务功能都在应用层实现，包括 GIS 应用、视频监控、安防监控、环境监控、火警监控、通信广播、设备档案查询、设备巡检、人员定位、告警处理、预案执行、防区场景、告警统计等。

用户层是实际使用该系统的用户划分，主要包括监控室监控人员、隧道维修巡检人员、应急指挥人员等。

2）系统功能规划

系统功能规划图如图 5-64 所示。

图 5-64　系统功能规划图

隧道平台从功能上可以分为 10 个子系统，分别为 GIS 子系统、视频监控子系统、环境安全子系统、人员管理子系统、运营维护子系统、告警预警子系统、通信广播子系统、配置管理子系统、3D 仿真子系统、手机终端子系统。

GIS 子系统主要提供地图基本操作、防区状态监控、防区设备监控、防区告警处理等功能。视频监控子系统包含实时监控和历史回放两个功能模块，用户可以通过平台操作隧道内的摄像头追踪目标，可以回看 3 个月内的视频记录。环境安全子系统包含环境监控、安防监控、火警监控三个功能模块。人员管理子系统中的人员定位功能，可通过地图直接定位廊内人员位置，移动用户管理模块主要实现对移动端用户的配置管理功能，访客管理模块主要实现隧道访客的登记、查询、注销等功能。运营维护子系统包含设备档案管理、设备保养管理、设备故障管理、巡检记录管理和巡更任务管理 5 个功能模块。告警预警子系统主要提供告警查询、处理、统计以及预案管理的功能，包含当前告警、告警日志、预案管理、区域报警统计等模块。通信广播子系统主要提供廊内通信功能，包含广播和电话两个子系统。配置管理子系统主要为平台提供基础数据管理、监控设备管理、权限配置管理、PLC 配置管理、门禁配置管理的功能。3D 仿真子系统是采用 Unity3D 引擎开发的独立子系统，主要提供设备动态绑定、仿真电子巡检、设备批量控制、实时告警提示和处理。手机终端主要提供环境信息查询、故障上报、巡检上报、电子巡更、维修保养功能。

3）技术架构设计

技术架构设计如图 5-65 所示。

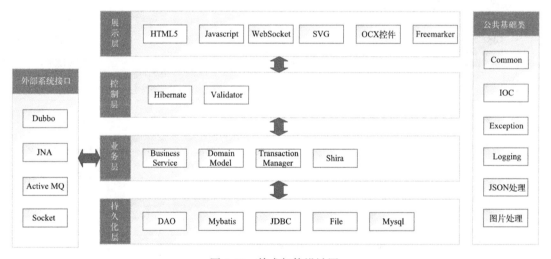

图 5-65　技术架构设计图

隧道平台采用 J2EE 架构设计，基于 Spring 基础框架，展示层主要使用 HTML5＋Javascript＋WebSocket 的方式，部分场景使用 SVG 图形化展示，视频监控部分使用 OCX 控件。控制层基于 Spring 框架，后台校验使用了 Hibernate＋Validator 校验框架。业务层主要使用 Spring 的 IcO 和 AOP 技术，实现操作日志、数据库事物的统一管理，安全方面采用了 Shira 安全框架实现方法级安全控制。持久化层主要使用 Mybatis 作为持久化存储框架，使用外部 XML 文件外部注入 SQL 语句，数据库使用 Mysql 数据库，同时对大数据库表进行了分表分库优化处理。

平台提供多种外部系统接口，根据业务不同可以使用 Dubbo 服务、JNA 技术、Active MQ 和传统的 Socket 接口。

4）系统对象分析

系统对象分析图如图 5-66 所示。

图 5-66 系统对象分析图

隧道平台中的对象分为三种，分别为基础数据对象，配置数据对象和运维数据对象。基础数据对象指电缆隧道项目中基本不会发生变化的常量数据，此类数据应该在系统发布的时候已经内置。配置数据对象是指在项目运维阶段变化相对较少的数据，一般是在系统部署的时候由项目实施人员根据项目情况进行配置的数据。运维数据对象是指在系统运行过程中会频繁增加或变化的数据对象，主要包含生产数据，业务数据等。

由于篇幅所限，仅对部分对象进行介绍。防区：指隧道内部划分的防火分区，防区的基本属性包含防区名称、舱类型（舱类型是按照地下隧道作用来区分的，项目中分为水信舱和电力舱，不同的舱之间保证物理隔离）、所属隧道、防区编号、场景图、管辖部门、防护等级等属性，其中所属隧道属性是关联对象。

定位点 AP：定位点 AP 是指在地下隧道内部安装的 AP 无线发射器，定位点 AP 的属性包含定位点名称、定位点所在防区、定位点编号、定位点 MAC 地址。一般来说定位点在安装时间隔在 35m 之内。不同的舱体各自独立安装 AP。

系统功能菜单：系统功能菜单记录的是隧道平台的功能菜单数据，为权限设置和功能展示服务，菜单呈树形结构，功能菜单对象包含菜单名称、父级菜单 ID、菜单路径、排序号、图标、权限代码、权限类型、访问路径、是否启用等属性，其中权限编码会出现在程序代码中，权限代码不能变更且不能重复。

监控设备类型：监控设备类型是指项目中对各种监控设备的定义，本项目中设备类型主要有通号视频设备、海康门禁设备、消防设备、工业电话、温湿度监测设备、有害气体监测设备、井盖、风机、照明、水泵、液压监测设备、报警器设备等，从设备功能可以划分成：视频监控设备、环境监控设备、火警监控设备、安防监控设备和通信广播设备 5 大类设备，按接入方式区分可以划分成通号视频设备、海康视频设备、微耕门禁、海康门禁、PLC 设备、内通设备、广播设备、火警接入设备。设备类型中包含的属性有所属大类（按功能划分）、设备类型名称、设备类型编码、组态类型（按接入方式划分组态控件）、是否可控、设备扩展定义、备注等。

场景：场景是指隧道内部的组态场景图，使用场景可以更形象化地为客户展示隧道内部结构和监控情况，场景由底图和其上的各种设备类型的组态组件组成，项目中会分别为电力舱和水信舱配置固定场景。

系统用户：系统用户是指使用系统的使用者信息，系统用户属性包括登录名、密码、姓名、所属角色、手机号、邮箱、状态（启用/禁用）。

系统角色：系统角色可以理解为具备一定操作权限的用户组，系统角色本身属性包含角色名称、角色描述、角色对应的系统功能菜单、角色对应的防区。

告警预案：告警预案是指当系统发生指定类型的告警之后，用户可以采取的处理步骤定义。告警预案属性包含方案名称、触发告警类型、方案描述、责任人、处理步骤。

监控设备：监控设备指实际监控设备的监视和控制配置，属性包含设备名称、监控设备种类、防区、设备编号、安装位置、设备扩展配置、设备告警配置、设备操作配置。

设备档案：设备档案是指设备档案信息，设备档案包含设备名称、设备编号、规格型号、制造厂商、出厂日期、出厂编号、安装单位、安装日期、投入使用时间、安装地点、使用部门、资产编号、外观尺寸、重量、保质期（月）、设备责任人、位置、保养周期（天）、设备图片、附件等。

手机用户：手机用户专门针对廊下工作人员设置，每一个廊下工作人员配置一个专用的手机端登录用户，使用安装了隧道手机端的设备可以在廊下进行日常巡检和维修工作。

5）代码结构设计

按照对象分析和隧道平台业务划分，服务器端总体分为 15 个工程，所有工程均使用 svn 对代码进行版本控制管理，使用 Maven 作为项目管理工具，开发工具使用 eclipse。

6）部署设计

部署结构图如图 5-67 所示。

隧道平台部署分为 5 个部分，第一层是外部设备层，主要是指监控设备，基础网络的部署和安装，绝大部分的监控设备硬件安装都属于外部设备层，包括门禁设备、PLC 主机设备及各种传感器设备、电话设备、广播设备、监控摄像头等。第二层是外部接口层，主要是和设备硬件之间进行通信，封装设备协议和功能使其满足隧道平台的统一接口。第三层是数据管理层，主要作用是数据的传输和存储，同时也负责服务的注册和管理，把外部接口层提供的服务注册到 Zookeeper 上，对于需要实时推送的数据采用 Active MQ 的方式进行同步，需要定时采集的数据使用 Mysql 数据库服务器储存。第四层是应用服务层，主要是包含 GIS 服务和隧道平台的核心应用服务。第五层是操作终端层，主要是各种客户终端软硬件的部署（浏览器、视频 OCX 控件安装、3D 仿真系统安装等）。

7）数据库设计

数据表清单如表 5-15 所示。

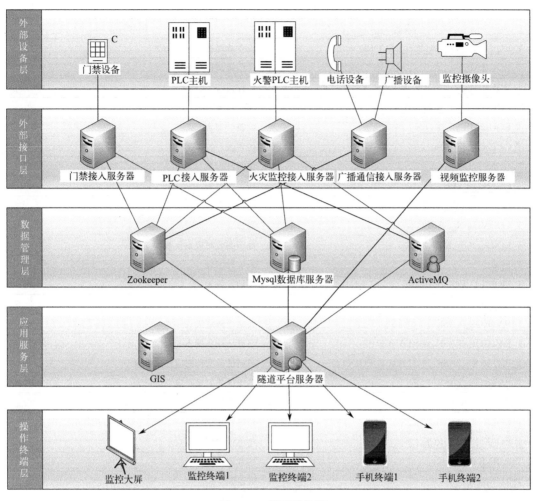

图 5-67　部署结构图

数据表清单　　　　　　　　　　　　　　　　　　　　　　　　表 5-15

表名	解释
T_ALARM_LOG	告警日志表
T_ALARM_PROCESSING_PLAN	告警预案表
T_ALARM_PROCESSING_PLAN_AREA	告警预案对应防区表
T_ALARM_PROCESSING_STEP	告警预案处理步骤表
T_APP_USER	移动用户表
T_AREA	防区表
T_AREA_CONTROL_SETTING	防区控制设置表
T_EQU	设备总表
T_EQUIPMENT	监控设备表
T_EQUIPMENT_ALARM	监控设备告警
T_EQUIPMENT_EXTEND	监控设备扩展

续表

表名	解释
T_EQUIPMENT_FAULT_RECORD	设备故障表
T_EQUIPMENT_MAINTAIN_RECORD	设备维护记录表
T_EQUIPMENT_NODE	监控设备节点表
T_EQUIPMENT_RECORD	设备档案表
T_EQUIPMENT_TYPE	设备类型表
T_GUEST	访客表
T_GUEST_LOG	访客日志表
T_GUEST_TYPE	访客类型表
T_INSPECTION_LOG	巡检日志表
T_LOCATION_CARD	定位卡
T_LOCATION_MARKER	地图图元对应设备表
T_LOG	系统日志表
T_MOBILE_EQUIPMENT	移动设备表
T_PATROL_POINT	巡更点表
T_PATROL_TASK	巡更任务定义表
T_PATROL_TASK_INSTANCE	巡更任务实例表
T_PATROL_TASK_INSTANCE_POINT	巡更任务实例对应巡更点表
T_PATROL_TASK_POINT	巡更任务定义对应巡更点表
T_PERMISSION	权限菜单表
T_ROLE	角色表
T_ROLE_RESOURCE	角色资源权限表
T_SCENE	场景表
T_TUNNEL	隧道表
T_USER	平台用户表

（2）系统环境

1）运行环境

运行环境如表 5-16 和表 5-17 所示。

运行环境 Linux 表 5-16

分类	名称	版本	语种
操作系统	Linux		简体中文
数据库平台	MYSQL	Version 5.5 以上	英文
消息服务	Active MQ		
分布式协调服务	Zookeeper		
隧道综合管理平台服务	Tomcat 服务		
隧道通信中间服务	utms-communication		
隧道防火局域网	utms-fire		
应用平台	企业局域网系统		
客户端软件	Internet Explorer 或其他主流浏览器	7.0	简体中文

运行环境 Windows10　　　　　　　　　　　　　　　　　表 5-17

分类	名称	版本	语种
操作系统	Windows	10	简体中文
隧道 PLC 环境中间服务	utms-plc		英文
隧道门禁中间服务	utms-door		
内通服务	Webservice		
广播中间服务	Tomcat 服务		
应用平台	企业局域网系统		
客户端软件	Internet Explorer 或其他主流浏览器	7.0	简体中文

2）开发环境

开发环境如表 5-18 和表 5-19 所示。

控制中心系统 服务器硬件环境　　　　　　　　　　　　　　表 5-18

服务器	最低配置	推荐配置
应用服务器、数据库服务器	2.0GHz CPU	3.1GHz CPU
	120G 硬盘	500G 硬盘
	8G 内存	32G 内存

开发软件环境　　　　　　　　　　　　　　　　　　　表 5-19

分类	名称	版本	语种
操作系统	Windows	10	简体中文
数据库平台	Mysql	Version 5.5 以上	英文
开发平台	J2EE	7.5	英文
客户端软件	Internet Explorer 或其他主流浏览器	7.0	简体中文

（3）系统数据结构设计

在面向对象的设计方法中，数据也可以作为一个对象来处理，如果数据附属于某一对象，可以将其纳入该对象的属性管理之中。所以在面向对象的设计过程中，对数据的设计是在对对象的设计过程中完成的。

1）数据结构

数据存储采用分布式数据库，采用 Mysql 数据库集群存储数据。Mysql 数据库有 utms-center、utms-door、utms-fire、utms-plc，其中 utms-center 主要存储管理平台中配置管理模块下的各子模块的信息；utms door 主要存储门禁之类的信息；utms-fire 主要存储火警监控相关内容；utms-plc 主要存储告警设置相关内容。

2）数据结构与程序的关系

数据结构为关系型数据库。关系型数据库在程序中可以用标准的 SQL 语句进行交互，交互过程中采用通用的数据访问接口。为了保持良好的程序架构，对数据库访问采用 DAO 设计模式实现，提高维护性和扩张性。

（4）系统运行维护和可靠性设计

1）运行设计

每次启动后开始运行系统的初始化模块，通过各模块之间的调用，读入并对输入进行格式化。在完成系统初始化后，接受用户登录数据，支持对隧道内部各项数据的查看和操控。

系统结束后释放资源，关闭数据库连接，释放内存和连接中包含的数据缓存，释放IO 通道。释放网络连接和对话、服务器内存占用等相关资源。

2）维护设计

系统维护主要是针对数据库的维护，对基础数据实时备份，并提供数据库恢复功能。

对于系统功能方面的维护，由于采用的是模块化设计方法，每个模块之间的独立性较高，可以分别对各模块进行检查和维护，当后台服务中的服务出现故障或者通信断开时，可及时检测并维护。

3）可靠性设计

当上层代理服务宕机或者连接中断时，为保证与底层代理服务连接的闸机程序正常使用，代理服务人工切换至其他正常的上层代理服务。

通过 zookeeper 实时监控各后台服务，若后台服务出现故障，可实现后台服务自动切换。

（5）研究方法

管理平台系统采用典型的 J2EE 结构，分为表现层、中间层（即业务逻辑层）和数据服务层。三层体系将业务规则、数据访问及合法性校验等工作放在中间层处理。客户端不直接与数据库交互，而是通过组件与中间层建立连接，再由中间层与数据库交互。

1）HTML＋JavaScript

在本系统中，表现层采用 HTML＋JavaScript 技术。

2）SpringMVC

在本系统中，SpringMVC 负责流程控制。SpringMVC 是一种 J2EE MVC 实现方式，其核心是一个 MVC 风格的控制器。Spring MVC 控制器搭起了 Model 和 View 之间的桥梁。

3）Spring

在本系统中，Spring 负责业务流转。Spring 将 Web 层、Service 层、DAO 层及 PO无缝整合。它的作用贯穿了整个中间层。

4）MYBATIS

在本系统中，MYBATIS 负责数据库操作。主要通过连接池等实现数据库操作的一致性和正确性，防止垃圾数据的产生而危害到整个数据库。它还能系统地管理那些直接操作数据库的文件，这样当更改数据库时，将不需要重新开发整个系统，只需修改接口即可，很大程度地提高了软件的重用性。

5）分布式架构

系统采用分布式架构提高处理性能，缓解服务器压力。首先，应用服务与数据服务分离，解决单台服务器的性能和存储空间不足的问题；其次，数据服务拆分为多个不同功能的服务，服务可复用扩展，部署集群；采用分布式数据库和分布式文件系统支撑海量数据。

zookeeper 实时监控代理服务器状态，当服务器负载过大或者宕机时，zookeeper 动态分配代理服务，实现系统稳定运行。

第6章　自动消防设施的设置

6.1　自动灭火系统的设置及应用

6.1.1　自动灭火系统的设置及应用现状

由于电缆隧道环境狭长封闭，灭火救援人员难以接近着火点，且电缆燃烧产生大量烟气，造成隧道内能见度较低，常规的消防扑救十分困难。因此自动灭火系统对于扑救电缆隧道早期火灾、控制火灾蔓延、减小火灾损失能够发挥十分关键的作用。

目前不同电缆隧道工程中使用的自动灭火系统种类众多，其中主要包括水喷雾灭火系统、细水雾灭火系统、超细干粉灭火系统、气体等灭火系统等。

水喷雾灭火系统（图6-1）适用于扑灭A、B、E类火灾。系统可重复性启动，但需要将市政供水管道的供水增压，设备供水增压会增加管廊的土建投资。水喷雾是通过前端喷口在设定的压力作用下，把喷出的液体压缩为粒径0.2~2mm的雾滴，在一些设施中，粒径可能会更小。水喷雾灭火系统通常的工作机理是降温、隔绝氧气、稀释等。

图6-1　水喷雾灭火系统

细水雾灭火系统（图6-2）具有节能环保、电气绝缘、烟雾消除等优点，水喷雾灭火系统的用水量一般是自喷灭火系统的70%~90%，而细水雾灭火系统的用水量又是水喷雾灭火系统的20%，用水量减少，喷雾时喷出的水不连续，能够很好地对电气火灾进行扑救。利用水雾喷头在高压下将水流分解成极小水雾滴，该小水雾滴有较大的比表面积，能够迅速吸收热量转换成水蒸气，置换着火点附近的氧气，加上雾滴受高压影响具有较大的初动能可冲击火焰，使火源难以维持燃烧。细水雾灭火系统可以扑灭气体火灾（天然气泄漏）、电气火灾（电缆起火）、固体表面火灾和液体火灾。

超细干粉灭火系统（图6-3）是装有灭火剂的罐体经由管路输送到安装在场地内的喷

图 6-2　细水雾灭火系统

头上释放的装置。相比于自喷系统，其可以用于扑救电缆廊道内发生的火灾，具有更好的应用范围。超细干粉灭火系统造价便宜、体积小、安装方便。可以扑灭固、液、气体火灾和电气火灾（A、B、C、E类火灾）。但对电缆隧道而言，在一个保护区内需要安装数量较多，喷射后现场清理困难。

气体灭火系统（图 6-4）可扑灭固、液、气体火灾和电气火灾（A、B、C、E类火灾），用其灭火后无残留。高压二氧化碳灭火系统价格便宜，但系统需要的浓度较高，将增加投资成本；IG541 灭火系统对环境无污染，但造价较高。气体灭火设施通常采用二氧化碳、七氟丙烷，这类设施应用于无法使用水系统的环境中。

图 6-3　超细干粉灭火系统　　　　　　　图 6-4　气体灭火系统

分析水喷雾灭火系统、细水雾灭火系统、超细干粉灭火系统、气体灭火系统四种类型灭火系统的优缺点，如表 6-1 所示。通过对比，可以比较清晰地了解到，气体灭火系统由于需要形成密闭空间在长距离的电缆隧道中不适用，水喷雾灭火系统用、排水量均较大，造成水渍损失过大，也不适用于电缆隧道。超细干粉灭火系统和细水雾灭火系统，电气绝缘性都非常好，超细干粉系统具有系统布置简单、造价低的优点，而细水雾灭火系统具有可重复使用和事故后处理简单、没有水渍损失的优点，所以根据实际工程特点可以发现，这两种灭火系统应用于电缆隧道是较为适宜的。

电缆隧道自动灭火系统对比　　　　　　　　　　　　　　表 6-1

系统名称	水喷雾灭火系统	细水雾灭火系统	超细干粉灭火系统	气体灭火系统
扑灭遮挡火的能力	一般	好	好	好
降温效果	一般	好	差	差
除烟效果	一般	好	差	差

续表

系统名称	水喷雾灭火系统	细水雾灭火系统	超细干粉灭火系统	气体灭火系统
电气绝缘性	差	好	好	好
事故后处理	需要排水	通风干燥即可	需要清洁	通风即可
系统使用寿命	可长期重复使用	可长期重复使用	一次性,使用后需重新更换	一次性,使用后需重新更换
系统布置	较难,需要设置管道和水箱	困难,需要设置管道、泵组和水箱等	简单	较难,需要形成密闭空间
工程造价	一般	较高	一般	一般

（1）隧道灭火系统

细水雾灭火系统按照现行国家标准《细水雾灭火系统技术规范》GB 50898 的相关规定设置，规范要求系统设置参数宜经过实体火灾试验确定，或者满足最小喷雾强度和喷头设置要求，应用于电缆隧道中的最小喷雾强度一般为 $2L/min \cdot m^2$。超细干粉自动灭火系统目前还没有统一的国家标准，参照地方标准，应根据系统具体设置情况计算得出干粉用量和喷射强度。

目前，细水雾灭火系统已经广泛地应用于居住建筑、公共建筑、基础设施等灭火中。下一部分将从细水雾灭火特征参数、细水雾灭火机理和细水雾灭火技术的优势三方面进行详细描述。

在现行美国消防协会标准《细水雾消防系统标准》NFPA750 中，细水雾的定义是：在最小设计工作压力下、距离喷嘴 1m 处的平面上，测得水雾最粗部分的水微粒直径 $D_{v0.99}$（0.99 是指微粒粒子直径从 0 至某一微粒直径的累计体积与相应的总累计体积之比）$\leqslant 1000 \mu m$。

按照粒径大小分类，细水雾可分为三个等级，如图 6-5 所示。

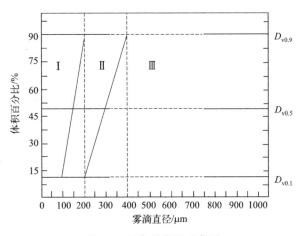

图 6-5　细水雾分级示意图

在图 6-5 中，在 $D_{v0.1} = 100 \mu m$ 与 $D_{v0.9} = 200 \mu m$ 的连线左侧，表示第 I 级细水雾；在 $D_{v0.1} = 200 \mu m$ 与 $D_{v0.9} = 400 \mu m$ 的连线左侧与第 I 级分界线之间，表示第 II 级细水雾；在 II 级细水雾右侧，$400 \mu m < D_{v0.9} < 1000 \mu m$ 的部分，表示第 III 级细水雾。在灭火过程中，

第Ⅰ、Ⅱ级细水雾适宜于抑制液体火灾和避免燃料飞溅的场合；第Ⅲ级细水雾常用于防护表面允许浸湿的物体。

在现行国家标准《细水雾灭火系统技术规范》GB 50898 中，细水雾的定义是：水在最小设计工作压力下，经喷头喷出并在喷头轴线下方 1.0m 处的平面上形成的直径 $D_{v0.50}$ ＜200μm，$D_{v0.99}$ ＜400μm 的水雾滴。

在压力驱动作用下，水从喷嘴喷出形成雾化气流，雾化气流由非常细小的液滴群组成。液滴在雾化气流内的分布、液滴大小及均匀度等，主要和雾化喷嘴结构尺寸、驱动压力有关。细水雾灭火特征参数主要有以下几种。

1）雾化锥角

以喷嘴为原点，细水雾呈圆锥状辐射，把细水雾射流扩张角称为雾化锥角，此参数决定了细水雾液滴离开喷嘴后的速度、方向以及喷雾的覆盖面积。雾化角角度越大，空间覆盖范围越大，保护的空间面积也越大。雾化锥角根据确定方法可以分为出口雾化角和条件雾化角，如图 6-6 所示。α 表示出口雾化角，α_x 表示条件雾化角，工程提及雾化锥角常用 α_x 表示或进行工况比较，它能反应雾滴的运动方向和稳定后的雾场范围。

2）雾通量

细水雾的雾通量是指单位时间内，细水雾液滴通过单位面积上的总体积。细水雾比表面积越大，相应的雾滴能吸收热量也更多。该参数是细水雾抑制、熄灭火焰过程的重要参数之一。

3）雾动量

雾动量（Water mist momentum）表示细水雾雾滴在速度方向上的运动能力，火灾的扑灭受细水雾雾滴能否穿透火焰到达燃料表面所影响。国外关于细水雾熄灭障碍物油池火实验研究认为，雾动量适当提高，能够使穿过障碍物的细水雾比例增加；初始动能较高的细水雾灭火效能也显著提高。喷雾动量可用式(6-1)表述。

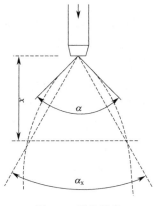

图 6-6　雾化锥角

$$M_w = (m_{wl} + m_{mv} + m_{wa}) \times \vec{V}_m \tag{6-1}$$

式中，M_w 为喷雾动量；m_{wl} 为液相水的质量；m_{wv} 为水蒸气的质量；m_{av} 为水雾卷吸空气的质量；$\vec{V}_m$ 为水雾的速度向量。

4）雾滴直径分布

雾滴直径分布与细水雾的气相冷却能力直接相关，是影响细水雾灭火系统灭火能力的重要参数。细水雾射流自喷嘴射出后，液滴直径并不一致，但其分布却呈现一定规律，细水雾平均直径的通用表达式如式(6-2)：

$$d_{mn} = [(\sum n_k d_k^m)/(\sum n_k d_k^n)]^{1/(m-n)} \tag{6-2}$$

式中，n_k 为对应粒子直径 d_k 的粒子数量，当 $m=1$，2，3，$n=0$ 时，d_{10}，d_{20}，d_{30} 表示直径平均直径、面积平均直径和体积平均直径；而当 $m=3$，$n=2$ 时，d_{32} 为索泰尔平均粒径（SMD）。通常用 d_{30} 和 d_{32} 描述雾滴直径大小。

传统的水喷淋灭火系统与细水雾灭火系统因液滴平均直径的不同其灭火机理和技术也

不同。对传统水喷淋灭火系统而言，因为水喷淋产生的大量水滴能够穿过火焰打湿覆盖整个燃料表面，灭火主要是通过直接冷却效应。细水雾灭火系统内含有大量细小雾滴，且随雾滴平均直径的下降，灭火机理除表面冷却外，也发生了变化，主要有以下几种。

1）吸热作用：水流经细水雾喷头雾化后，水滴直径减小，比表面积增大。细水雾喷射后受初动能与卷吸作用影响进入火焰区，液滴能够吸收热量迅速汽化，空间热量被迅速吸收，火焰区温度随之降低，当温度降低至燃烧下限温度时，因无法提供更多的热量燃烧，燃料与空气的化学反应将中断，从而火焰将会熄灭。

2）氧气稀释：雾滴在热空间内能快速蒸发，取代空气位置，使火源区氧气体积分量下降。正常情况下，空气中氧气的体积分数为21%。当水蒸气占据空间位置，使空气中的氧浓度下降到15%左右时，燃烧过程因缺氧而终止。

3）减弱辐射热：当细水雾覆盖包围或到搭在燃料表面时，细水雾能够形成一个热障层，可以有效地阻止火焰向燃料表面传递热辐射。细水雾通过减小燃料表面的热辐射来降低燃料的热解速率或蒸发速率，从而起到阻止火灾蔓延和灭火的目的。

4）冲击火焰作用：高压水流自喷嘴释放后，喷射速度相当快，能有效冲击燃烧物表面，进而降低燃烧化学反应速率和火焰传播速率，抑制火灾蔓延，进而灭火。

细水雾灭火技术的优势：

1）灭火机理先进，灭火效果好，范围广。传统的灭火方式灭火机理单一，细水雾灭火机理更先进，灭火效率更高，可以广泛应用于 A、B、C、E 等类型火灾，大大提高了系统的应用范围。

2）冷却效率高，屏蔽热辐射。对火源功率大、释放热量高的火灾场所，水雾能屏蔽热辐射，短时间内迅速灭火。

3）能吸收烟雾和毒气。采用细水雾灭火时，大量的烟雾粒子与水雾混在一起后，被水滴吸收，净化火灾现场。

4）不破坏设备，不污染环境。由于雾态水的电绝缘性能良好，最大限度消除了水对电气设备的损害。

5）水资源普遍，给系统持续供水、持续灭火时间长，提高系统抵抗大火的能力。

6）可用于通风地带灭火。不同于化学气体类灭火系统要求灭火环境封闭，水雾灭火受通风条件的限制不大。

7）系统占地小、重量轻。细水雾灭火系统流量小，管路细，不仅使设备的体积减小、重量减轻，而且管路的连接、安装很方便。

现行规范要求，敷设电力电缆的隧道或舱室宜设置自动灭火系统，当收到两个独立火灾信号的"与"逻辑组合后，应能联动开启自动灭火系统。但是规范未对系统的选型和参数设置作出具体、明确的规定。

当火灾报警与灭火设备联动启动时，要保证两者能够正常工作。获得两种信号后，才能发出联动灭火设施的信号，通常适用于规模较大、需要准确探测的环境中，可以使用感烟、感温等相同种类或不同种类探测器共同产生两种信号。联动控制器是启动灭火设施重要的元件，其内部设定了启动各类设施的方案，通过与收到的报警信号对接，启动消防设施。自动灭火设施通常由同一区域内两种及以上的探测装置或者一只探测器与一只手报按钮的信号，作为自动灭火系统启动的触发信号。

规范对探测器和灭火设施的相关联动启动内容如表 6-2 所示。

规范对探测器和灭火设施的相关联动启动内容　　　　　　　　表 6-2

规范名称	具体要求
《火灾自动报警系统设计规范》GB 50116	设置线性感温探测器的场所有联动要求时，宜采用两只不同的火灾探测器的报警信号组合；探测器的火灾报警信号、故障信号等信息应传给火灾报警控制器，涉及消防联动控制时，探测器的火灾报警信号还应传给消防联动控制器
《城镇综合管廊监控与报警系统工程技术标准》GB/T 51274	需要联动触发自动灭火系统启动的舱室应设置感温火灾探测器；综合管廊舱室的火灾发展到一定程度需要启动自动灭火系统实施灭火时，舱室内的可燃物的燃烧已发展到明火燃烧阶段，舱室内的温度升高。舱室内设置的自动灭火系统需要由火灾自动报警系统联动控制启动时，系统的联动触发信号应采用舱室内设置的感烟火灾探测器或手动报警按钮和感温火灾探测器报警信号的"与"逻辑。应采用检测舱室空间温度场变化的感温火灾探测器的报警信号作为确认启动自动灭火系统的联动触发信号，用于监测电力电缆表面温度变化的感温火灾探测器的报警信号不能作为确认启动自动灭火系统的联动触发信号

不同规范对于自动灭火设施联动启动的要求并不明确，比如现行国家标准《城市综合管廊工程技术规范》GB 50838 没有相关的要求。需要通过不同工况下对火灾探测器进行测试，确定合理有效的联动控制方式。

在火场内的各类火灾探测器接收到火灾信号后，启动声光报警器，再联动启动场地内的自动灭火设施对火灾进行扑灭。试验中，根据廊道的具体试验情况结合规范要求，在一个火灾探测器接收到火灾信号后，启动声光报警器进行报警，在任意两个探测器启动报警后，水喷雾灭火设施启动对廊道内的火灾进行扑灭。

对于火灾自动报警系统和自动灭火设施的工作方案，在设计具体电缆廊道工程过程中，需要结合实际工程的具体情况，对联动控制方式的可靠性进行分析，对自动灭火设施联动启动时需要报警的火灾探测器数量和种类进行研究，避免出现联动信号过于敏感造成自动灭火设施误启动或者报警过晚对早期火灾扑救产生延误。

（2）自动灭火系统研究现状及分析

开展实体火试验可以较为直观地观测自动灭火系统的灭火效果，但有时受客观因素等条件的限制，在不具备开展实体火试验的条件下，可开展缩尺寸模型试验或模拟试验分析灭火系统的灭火效果。因此，许多学者通过开展全尺寸实体火试验、缩尺寸模型试验或模拟试验，研究自动灭火系统应用于隧道环境的灭火有效性，并分析可燃物、通风风速等因素对灭火效果的影响。一些学者通过开展实体火试验的方法进行研究：

欧盟项目 UPTUN，在挪威的 Runehamar 隧道中开展低压细水雾灭火试验。隧道长 1.6km，高 6m，宽 9m 宽，坡度为 0.5%～1%，共开展了 19 组试验。结果表明：灭火系统的灭火效果取决于喷头的种类和流量，喷头的位置和火源规模对灭火效果有影响；细水雾系统对大规模火灾的灭火效果更好，灭火系统经过优化后可以将热释放速率为 10～22MW 的火源控制在没有灭火系统自由燃烧情况下的 50%～70%。

刘衍等通过在电缆隧道内开展实体火试验，确定了无机隔板和防火门的安全防火时效，并对比了 4 种常用灭火剂"1211"、水喷淋、中倍泡沫、低倍泡沫的灭火效果。试验表明水喷淋的灭火效果是最好的。

吴春荣、黄鑫等设计了与实际尺寸约 1∶2 比例的电缆隧道细水雾灭火系统实验平台，研究了细水雾灭火系统灭电缆隧道火灾的影响因素。研究结果表明，细水雾灭火系统施加后可以迅速抑制电缆火灾蔓延，降低空间温度，并在较短的时间内扑灭火灾，当停止施加细水雾后不会出现复燃。电缆束数量的增多会导致火焰功率加大，灭火时间延长。当着火点位于细水雾覆盖的范围之外或受障碍物遮挡时，灭火时间增加。环境气流速度增加时，火焰蔓延速度加快，灭火难度加大。

李琦通过开展超细干粉灭火系统应用于电缆隧道内的灭火试验，研究超细干粉灭火系统的合理启动时间，并设计了灭火剂的灭火浓度及布置间距。试验表明：超细干粉灭火系统可设置为联动启动，实现全淹没灭火系统；超细干粉灭火剂设计灭火浓度不得小于 2～3 倍厂家灭火效能注册数据，各装置间的距离不应大于 3.6m，建议延迟启动 180s。

部分学者通过模拟的方法研究不同因素对自动灭火系统灭火效果的影响：

Anna Matala 等利用 FDS 软件设置了电缆隧道火灾场景，在施加细水雾和不施加细水雾两种状态下，模拟电缆的燃烧特性。研究认为细水雾能够降低燃烧热释放速率，起到灭火作用。

Zhen Wang 等认为液滴尺寸大小对灭火时间有重要影响，使用 FDS 软件研究几种常用液滴尺寸的灭火时间，结论表明：液滴尺寸在 $50～300\mu m$ 之间被视为可接受的变化范围，超过这个范围后，灭火时间将不会出现明显的缩短。

张腾、徐幼平等通过开展细水雾灭火系统应用于电缆隧道的模拟试验，研究通风风速对灭火效果的影响。研究结果表明：细水雾灭火系统可以有效降温并控制烟气，可以有效应用于电缆隧道火灾；通风风速对细水雾灭火系统的灭火效果存在非线性的影响，需设定合适的通风风速从而增强灭火效果。

虞立强、黄鹏等通过开展模拟试验对浦东国际机场二期工程电缆隧道的高压细水雾灭火系统的设计进行了模拟验证及优化。结果表明：高压细水雾灭火系统可以有效地降低环境温度，保护电缆隧道的结构安全；流量系数设置为 0.45 的高压细水雾灭火系统可有效扑救电缆火灾。

朱伟在狭长空间内进行通风与细水雾共同抑制火灾的模拟研究。研究表明，风速为 2～3m/s 时，细水雾喷头置于火源逆风位置能较好地抑制火灾。最后通过大量实验，针对强制通风条件，修正了温度—氧气与细水雾灭火间的关系，完善灭火过程中氧浓度变化经验关系中的时间系数方程，分析了该经验关系在通风情况下的适用性。

还有一些学者采用模拟试验和实体火灾试验相结合的方式进行相关研究：

Jenft A 等通过试验研究与数值模拟手段探究了细水雾与池火间的相互作用，认为在稳定燃烧的火源中施加细水雾，仅需 10s 左右便可熄灭火焰，因为这段时间液滴蒸发强烈，产生大量水蒸气导致产生快速的气体冷却效应。但是要想在发展中的火灾中熄灭火焰，细水雾需要更长的释放时间，这是由于细水雾释放空间并未形成足够细水雾蒸发的高温环境，只燃料冷却后灭火。

陶雪峰等在受限空间内开展实体火灾试验并进行了模拟试验，研究纵向通风对喷淋系统灭火效果的影响。结果表明：有利于喷淋灭火的纵向风速与火源功率呈正相关；纵向风在一定范围内可以提高灭火效果，最佳灭火风速区间为 4.5～5.5m/s。

宣章伟在狭长空间内开展实体火灾试验并进行了模拟试验，研究在高压细水雾灭火系统的作用下，火灾烟气的变化规律。研究得出狭长空间内火灾烟气的温度变化规律及 O_2、

CO 浓度的变化规律。

综上，根据部分的学者的研究可以看出，风速及可燃物等外界因素对灭火效果都会产生一定影响。结合以往隧道、地铁、管廊等地下空间火灾事故，大量工程实验研究认为安装自动灭火系统有助于将事故损失降低到最小。含电力电缆的管廊可参考现行行业标准《电力电缆隧道设计规程》DL/T 5484 中 9.2.8 条："在电缆隧道的进出口处、接头区和每个防火分区内，均宜设置灭火器、黄沙箱等消防器材"。

在国内外电缆隧道消防研究中，有针对电缆隧道烟气蔓延、温度场分布的研究，也有针对灭火方式选择的研究。但在全尺寸管廊内进行细水雾灭火系统试验开展较少，部分前人试验采取的手段为点火源上方设置喷头去探究细水雾灭火的有效性，部分在管廊中点火，后期没有关闭点火源，那么高压细水雾灭火系统扑灭的火灾不仅仅包含线缆的燃烧，还包括点火源本身，高压细水雾灭火系统有效性与灭火时间的探究将出现偏差。在国内外研究学者的基础上，进行全尺寸实体火灾试验，将试验研究和数值模拟研究方法相结合，分析电缆隧道高压细水雾灭火系统灭火特性。

6.1.2　自动喷水灭火系统有效性试验及分析

（1）高压细水雾灭火系统灭火有效性分析

试验共设置了 7 组工况，工况 2 为标准工况，其他 6 组工况为对比工况，在分析工况 2 的试验过程的基础上，通过对比其他组工况的试验过程，分析各因素对高压细水雾灭火系统有效性的影响。

1）标准工况

图 6-7 为标准工况下试验隧道内的燃烧状态，由图可以看出，点火源位于底层托架，底层电缆被引燃后，火焰沿竖向方向蔓延到第 5 层托架，沿纵向方向蔓延范围较小。试验起点为 0s，在 25s 时点燃火源，150s 时开启灭火系统，在 390s 时关闭灭火系统，灭火系统持续约 4min。

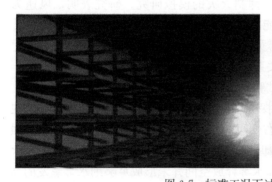

图 6-7　标准工况下试验隧道内的燃烧状态

图 6-8 为火源位置及火源上方温度曲线图，火源位置 1～7 分别为火源侧从电缆桥架下方至顶部的测温点位置。由图可以看出，火源侧距离地面第 2 层桥架的温度最高，在 145s，即点火后的 120s 达到 831℃，其次是距地面第 3 层桥架，温度在 124s，即点火后的 99s 达到 797℃，均明显高于火源层电缆和上方电缆。可见若底部电缆发生火灾，对上方电缆的温度影响较大，对本层电缆的温度影响较小。在灭火系统启动后，不同层的温度

逐渐下降，在 275s 时，即灭火系统启动 125s 后，火源及上方桥架不同层的温度均能降到 50℃ 以下，且初始温度越高的位置，其温度降低所需时间越长。

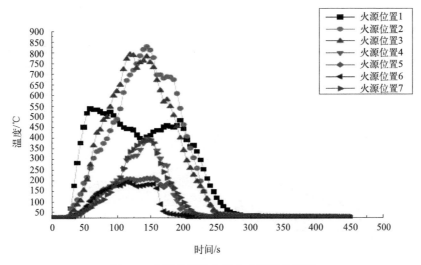

图 6-8　火源位置及火源上方温度曲线图

图 6-9 为火源侧电缆桥架温度曲线图，由图可以看出，火源侧电缆桥架温度在整个试验过程中均低于 35℃，可见火势并没有沿着电缆纵向蔓延，空间温度变化主要是由于烟气扩散引起的。试验中电缆沿管廊纵向方向蔓延范围较小，电缆并未出现延燃现象，这与本次试验采用的是阻燃电缆有较大的关系。

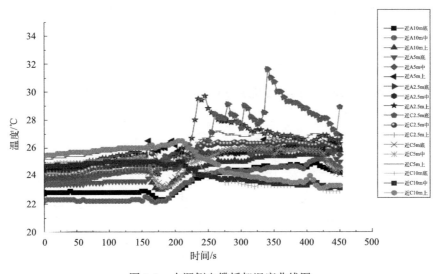

图 6-9　火源侧电缆桥架温度曲线图

图 6-10 为火源对侧热电偶温度变化曲线，由图可以看出，火源对侧桥架热电偶测量值在整个试验过程中均低于 40℃，可见火势对对侧电缆的温度影响较小。通过对比距离火源不同位置的热电偶测量值可以看出，火源对侧桥架最上层热电偶测温点的温度值均较高，且距离火源越近的断面温度越高，其中热电偶布置断面 B、C、D、E 在火源对侧顶

部桥架测量值分别为 38.6℃、36.9℃、35.4℃ 和 33.5℃。可见受火源温度影响较大的对侧桥架均为最上层电缆，这是由于火灾产生大量烟气，烟气向上层蔓延至顶棚后，向两侧蔓延所导致。

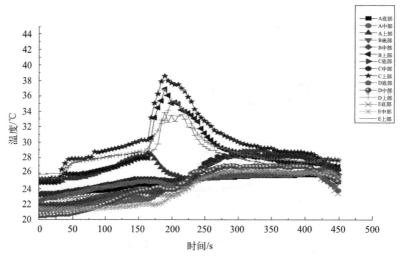

图 6-10　火源对侧电偶温度变化曲线图

图 6-11 为火源两侧断面温度曲线图，3 断面和 4 断面距离火源位置断面较近，由断面温度曲线可以看出火源对侧托架热电偶温升较明显，且火源对侧托架上部热电偶温升变化最明显，这主要是由于试验中布置的为阻燃电缆，电缆没有出现明显延燃，因此火源侧温度没有明显高于火源对侧温度，空间内的温度变化主要由于烟气运动产生，由于火源对侧没有铺设电缆，减少了对烟气的阻碍作用，故火源对侧温度变化幅度更明显。当开启细水雾灭火系统后，测温点温度会继续上升后再下降，最后各测温点温差减小，都处于 22～28℃ 的温度区间内。图 6-12 为试验空间顶部温度曲线图，由图可以看出，试验管廊空间顶部最高温度能到 147℃。在灭火系统启动 90s 后，顶部温度逐渐下降，降到 50℃ 以下。

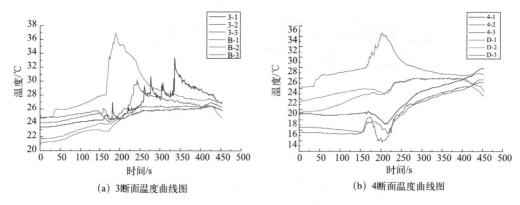

（a）3 断面温度曲线图　　　　　　（b）4 断面温度曲线图

图 6-11　火源两侧断面温度曲线图

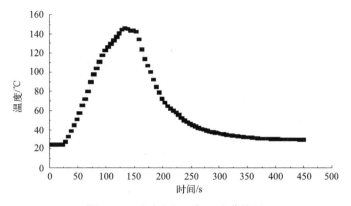

图 6-12　试验空间顶部温度曲线图

2）引火源影响

工况 1 设置的火源为电加热器，模拟电缆自身发热引发火灾的情况，对比工况 1、2，分析细水雾灭火系统对电缆故障发热及外部火引发的火灾的灭火有效性。

图 6-13 为工况 1 电加热模拟电缆自身内部起火的试验过程图。试验起点时间为 0s，在 33s 时启动电加热器，火灾初期产生少量烟雾，随火势进一步发展，产烟量逐渐增多，烟气向上蔓延至空间顶部，到达顶部后，烟气沿管廊水平方向蔓延，空间顶部烟气层逐渐下沉同时向左右两侧沿纵向方向蔓延，154s 时（即电加热器开启 121s 后）出现明火，火灾由阴燃阶段发展至明火燃烧阶段，此时产烟量相比之前有所减少，168s（即电热器开启 135s 后）开启灭火系统，338s 时关闭灭火系统，灭火持续时间约 3min。

图 6-13　工况 1 电加热模拟电缆自身内部起火的试验过程图

图 6-14 为工况 1 火源及上方温度曲线图，由图可以看出，火源侧距离地面的第 1 层桥架（即火源层桥架）温度最高，在 161s，即点火后的 128s 达到 73.1℃，其次是距离地面的第二层桥架，在 167s，即点火后的 134s，达到 51.3℃，均明显高于上方电缆。在 219s 时，即开启灭火系统 51s 后，各测温点温度降至 30℃以下。与工况 2 相比，电加热引火源仅对火源层桥架及火源上层桥架温度影响较大，且对火源层温度影响最大，环境整体温度较低，启动灭火系统后温度下降速度较快。

图 6-15 为工况 1 试验空间顶部温度曲线图，从图中可以看出，火源对顶层温度影响较小，顶层温度波动幅度较小，最高温度仅为 24.3℃，开启灭火系统后，温度迅速降低，然后逐渐回升至室内环境温度。

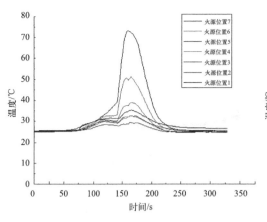

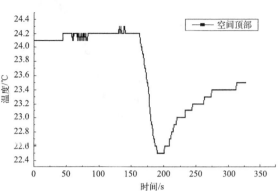

图 6-14　工况 1 火源及上方温度曲线图　　　　图 6-15　工况 1 试验空间顶部温度曲线图

3）风速影响

工况 3 设定的通风风速为 2m/s，对比工况 2、3，分析通风风速对火灾发展及细水雾灭火系统灭火有效性的影响。

图 6-16 为工况 3 燃烧状态图，由图可以看出当风速增加至 2m/s 时，火焰沿竖向向上蔓延至第 4 层电缆托架，与自然通风状况下相比，火焰向上蔓延高度下降，且火焰发生明显倾斜，增大风速，加快了火势向火焰下风向蔓延。试验起点为 0s，在 60s 点燃火源，190s 时开启灭火系统，在 420s 时关闭灭火系统，灭火系统持续约 4min。

图 6-16　工况 3 燃烧状态图

图 6-17 为工况 3 火源及火源上方温度曲线图，从图中可以看出，火源侧距地面第 1 层桥架的温度最高，在点火后的 65s 达到 668℃，其次是距地面第 2 层桥架，温度在点火后的 90s 达到 638℃，再次是距地面第 3 层桥架，温度在点火后的 110s 达到 580℃，均明显高于上方电缆。与工况 2 相比，当环境风速为 2m/s 时，温度最高值出现的时间有所提前，但温度最高值小于自然通风时的温度最高值，这是由于当风速增大时，加速了火灾的发展过程，导致温度最高值出现时间提前；同时火焰发生偏移加速火焰向下风向蔓延，故火源断面温度有所下降，且增强了对流换热作用，导致温度最高值有所下降。当无环境风速时，火源及上方温度值均在同一时间达到最大值，当具有一定的环境风速时，火源上方电缆达到温度最高值的时间滞后于火源层。在 190s 时，开启灭火系统后，火源及上方温度逐渐下降；灭火系统开启 170s 后，火源及其上方温度均能降低到 50℃ 以下。与工况 2

相比，有一定环境风速时，试验管廊空间火源及其上方温度降低速度较慢，环境风速对火源的向上蔓延有一定的延缓作用。

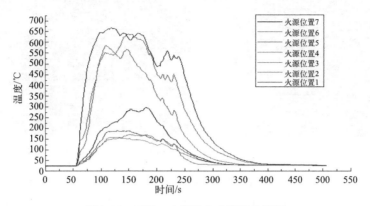

图 6-17 工况 3 火源及上方温度曲线图

图 6-18 为工况 2、3 空间顶部温度曲线对比图，从图中可以看出，当风速为 2ms 时，试验管廊空间顶部最高温度能到 127℃，低于自然通风状态下的空间顶部最高温度。在灭火系统启动 80s 后，空间顶部温度逐渐下降，降到 50℃以下。与自然通风状态下的工况对比，可以看出当有一定的风速时，试验管廊空间顶部温度最高值有所降低，且降温速度减慢。

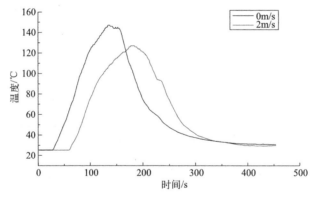

图 6-18 工况 2、3 空间顶部温度曲线对比图

4）喷头布置方式影响

工况 4 的细水雾应用方式为局部应用方式，喷头设置为侧喷喷头，安装角度为 45°，对比工况 2、4，分析喷头布置方式对灭火有效性的影响。

图 6-19 为工况 4 自然通风条件下采用侧喷喷头时的试验过程图，火势发展情况与工况 2 一致，细水雾开启时，可以看到喷头倾斜直接指向电缆桥架，具有针对性。试验起点为 0s，在 25s 时点燃火源，在 145s 时开启灭火系统，在 385s 时关闭灭火系统，灭火系统持续约 4min。

图 6-20 为工况 4 火源及火源上方温度曲线图，从图中可以看出，火源侧距离地面第 2 层桥架的温度最高，在 150s，即点火后的 125s 达到 864℃，其次是距地面第 3 层桥架，在 170s，即点火后的 145s 达到 630℃，再次是距地面第 1 层桥架，温度在 189s，即点火

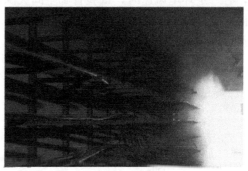

图 6-19　工况 4 自然通风条件下采用侧喷喷头时的试验过程图

后的 164s 达到 456℃，均明显高于上方电缆。这与工况 2 的变化规律类似。当 145s 灭火系统开启后，火源及上方温度会出现短暂上升后逐渐下降，在 325s 时，即灭火系统开启 180s 后，火源及其上方温度均能降低到 50℃ 以下。与工况 2 相比，当采用侧喷喷头时，火源及上方温度下降速度较为缓慢。可见垂直安装的喷头更有利于火灾后温度的下降。

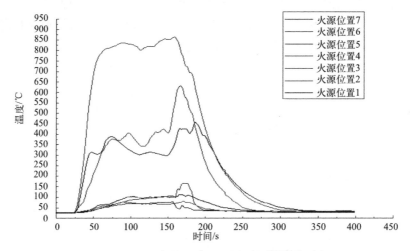

图 6-20　工况 4 火源及火源上方温度曲线图

　　图 6-21 为工况 2、4 试验空间顶部温度曲线对比图，从图中可以看出试验管廊空间顶部最高温度能到 135℃，温度变化曲线与工况 2 大致相同。在 225s，灭火系统启动 80s 后，顶部温度逐渐下降，降到 50℃ 以下。两种工况下的降温速度大致相同，说明侧喷喷头及垂直喷头对试验管廊空间顶部温度变化影响较小。

　　5）电缆布置方式影响

　　电缆作为电气管廊内部的主要可燃物，其布置方式不仅会影响火灾的发展，而且由于电缆的阻碍作用还会影响细水雾的灭火效果。工况 5 在第 5、6、7 层托架加密布置电缆，对比工况 2、5，分析电缆布置方式对火灾发展及细水雾灭火有效性的影响。

　　试验起点为 0s，在 153s 点燃火源，在 289s 开启灭火系统，542s 关闭灭火系统，灭火持续时间约 4min。

　　图 6-22 为工况 5 火源及火源上方温度曲线图，由图可知，火源位置 7 测温点异常，

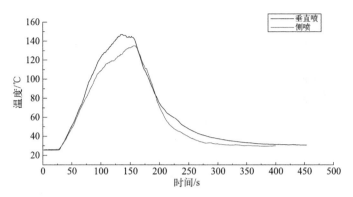

图 6-21　工况 2、4 试验空间顶部温度曲线对比图

火源侧距离地面第 1 层桥架温度最高，在 303s，即点火后的 150s，达到最高温度值 318℃，其次是距地面第 2 层桥架，在 290s，即点火后的 137s，达到最高温度值 102℃，均明显高于上方电缆，其他层桥架的温度均未超过 50℃，在 364s，即灭火系统开启 75s 后，温度均降低至 50℃ 以下。与工况 2 相比，火源层桥架温度最高，温度最高值降低，火源及上方温度整体较低。由于第 5、6、7 层加密布置电缆，影响了火焰向上蔓延传播，且本次试验中采用的是阻燃电缆，电缆难以被点燃发生延燃，所以热量的传递主要来源于热烟气的蔓延，加密布置电缆阻碍了热烟气的向上蔓延，故环境温度整体较低。

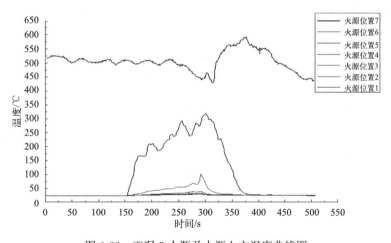

图 6-22　工况 5 火源及火源上方温度曲线图

图 6-23 为工况 2、5 试验空间顶部温度曲线对比图。由图可知，当第 5、6、7 层加密布置电缆时，空间顶部温度变化不明显，温度波动幅度不大，空间顶部温度明显低于正常布置情况下的温度，空间顶部温度在 289s 时，即点火后的 136s 达到最高温度值 29.6℃。这也说明了电缆加密布置时，影响了火势的发展和蔓延，环境整体温度较低。

6）喷头喷水强度影响

喷头喷水强度是细水雾灭火系统的重要参数，设定合理的喷头喷水强度可以更好地提高细水雾的灭火效果。工况 6 设置的细水雾喷头喷水强度为 1.0L/(min·m²)，对比工况 2、6，分析喷头喷水强度对灭火有效性的影响。

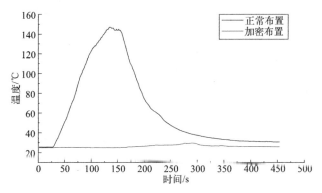

图 6-23 工况 2、5 试验空间顶部温度曲线对比图

工况 6 的细水雾喷水强度为 1.0L/(min·m²)，试验起点为 0s，在 53s 时点燃火源，187s 时开启灭火系统，在 564s 时关闭灭火系统，灭火系统持续约 6min。

图 6-24 为工况 6 火源及火源上方热电偶温度曲线图。从图中可以看出，火源侧距地面第 2 层桥架的温度最高，在 166s，即点火后的 113s 达到 840℃，其次是距地面第 1 层桥架，温度在 112s，即点火后的 59s 达到 633℃，再次是距地面第 3 层桥架，温度在 197s，即点火后的 144s 达到 540℃，均明显高于上方电缆。这与工况 2、4 的变化规律类似，火源对第 2 层桥架的温度影响最明显。当 187s 灭火系统开启后，火源及上方温度逐渐下降，在 442s 时，即灭火系统开启 255s 后，火源及其上方温度均能降低到 50℃ 以下。与工况 2 相比，当喷水强度设置为 1.0L/(min·m²) 时，火源及火源上方温度下降速度较为缓慢，是因为当喷水强度增大时，水流量增大，导致水流不能充分与桥架接触，影响水分蒸发吸热。可见增大喷水强度并不能加快降温速率、加强灭火效果。

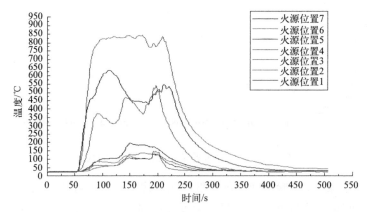

图 6-24 工况 6 火源及火源上方温度曲线图

图 6-25 为工况 2、6 试验空间顶部温度曲线对比图。由图可以看出，两种工况下空间顶部温度的变化曲线大致相同，工况 6 在 186s 时，顶部温度达到最高温度 133℃，在 269s 时，即灭火系统启动 82s 后，温度下降至 50℃ 以下。喷水强度 0.7L/(min·m²) 的降温速率大于喷水强度为 1.0L/(min·m²) 的降温速率。

7）未开启细水雾灭火系统的工况

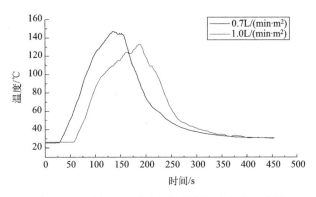

图 6-25 工况 2、6 试验空间顶部温度曲线对比图

工况 7 为未开启细水雾灭火系统的工况，对比工况 2、7 分析细水雾灭火系统对火灾发展的影响。工况 7 试验起点为 0s，在 43s 时点燃火源，试验过程中未开启灭火系统。

图 6-26 为工况 7 火源及火源上方温度曲线图。从图中可以看出，火源侧距离地面第 3 层桥架温度最高，在 100s 时，即点火后的 57s，达到最高温度值 840℃，其次是距地面第 2 层桥架，在 100s，即点火后的 57s，达到最高温度值 809℃，再次是距地面第 1 层桥架，在 179s，即点火后的 136s，达到最高温度值 682℃，距地面第 4 层桥架，在 184s，即点火后的 141s，达到最高温度值 505℃，这 4 层桥架温度明显高于上层电缆桥架温度。火源对火源上方两层电缆影响最大，距地面第 2 层及第 3 层桥架在同一时间达到温度最高值，然后温度有所下降，当第 4 层桥架温度达到峰值时，第 2 层、3 层桥架达到第二次峰值，这是由于电缆外表面材料被燃尽后，电缆外层的碳化层会阻碍电缆燃烧，导致温度下降，当第四层电缆外表面被引燃时，环境温度上升，故温度再次上升。与工况 2 对比可看出，当未开启灭火系统时，火势向上蔓延趋势增加，在 189s 时，温度开始下降，但温度下降速度明显比开启灭火系统时的速度慢。

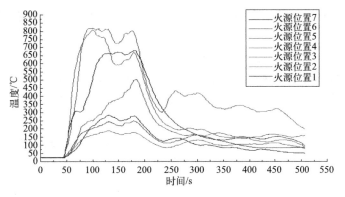

图 6-26 工况 7 火源及火源上方温度曲线图

图 6-27 为工况 2、7 试验空间顶部温度对比图。如图所示，未开启灭火系统的试验工况，温度持续升温时间增长，降温速度减缓，且降温后的温度也明显高于开启灭火系统的工况，这说明开启灭火系统可以有效减缓火势发展，增大温度下降速率，使空间环境温度迅速降低。

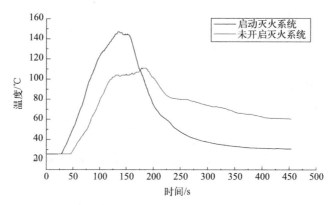

图 6-27　工况 2、7 试验空间顶部温度曲线对比图

8）试验结论

根据电气管廊高压细水雾灭火试验的试验结果可以得出以下结论：

①自然通风条件下，受火源温度影响最大的是火源上方两层电缆，温度可达到 780℃以上。火源对侧顶部桥架测量值最大为 38.6℃，且受火源温度影响较大的对侧桥架均为最上层电缆。灭火系统启动 5min 内，火源及上方桥架不同层的温度均能降到 50℃以下。

②当采用电加热器模拟内部起火情况时，只有火源层及火源上层电缆温度变化较明显，最高温度达到 73.1℃，与标准工况相比，整体温度较低，细水雾可以有效扑灭内部起火。

③当有一定的环境风速时，受火源温度影响最大的是火源本层及上方两层电缆，温度可达到 580℃以上。与标准工况自然通风条件下相比，有一定环境风速时，空间温度有所降低，风速对火源的向上蔓延有一定的延缓作用。风速增大时，细水雾灭火系统的降温速率有所下降。

④当采用侧喷喷头时，火源及火源上方温度下降速度较为缓慢，可见垂直安装的喷头更有利于火灾后温度的下降。侧喷喷头及垂直安装的喷头对空间顶部温度降温速度影响不明显。

⑤当在第 5、6、7 层加密布置电缆时，由于采用的是阻燃电缆，火势并未沿电缆纵向蔓延，加密布置电缆影响了热烟气向上传播，与正常布置电缆的工况相比，仅有火源层及火源上层温度有明显变化，最高温度 318℃，其他层桥架的温度均未超过 50℃，空间顶部温度未超过 30℃。

⑥喷水强度为 0.7L/(min·m²) 的工况下，火源及火源上方温度下降速度快于喷水强度为 1.0L/(min·m²) 的工况，空间顶部温度下降速度也较快，可见增大喷水强度并没有加快降温速度。

⑦开启高压细水雾灭火系统可以快速降低火灾温度，未开启灭火系统时，火势发展会进一步扩大，当燃料耗尽时，温度也会下降，但降温速度明显减慢。

综上，可以看出，细水雾灭火系统可以有效扑灭电缆发热起火及外部火源引发的火灾，增大通风风速会降低细水雾灭火系统的降温速率，垂直布置的喷头更有利于降温，增大细水雾喷水强度反而会减缓降温速率。在实际工程应用中，细水雾启动时防火门会关闭，通过试验发现增大通风风速会降低降温速率，在通风系统失效的情况下，若没有及时关闭防火门，会减缓温度下降速率，因此在工程应用中应保证通风系统的联动有效性；在实际工程应用中设置垂直喷头可以更快地降温，细水雾喷水强度不应设置过大。

（2）高压细水雾应用于电气管廊的模拟验证

1）电气管廊建模与模拟方案

FDS 是以火灾中流体运动为主要模拟对象的计算流体动力学软件。该软件采用数值方法求解受火灾浮力驱动的低马赫数流动 N-S 方程，重点计算火灾中的烟气和热传递过程。国内外已经有很多火灾研究者利用 FDS 进行火灾模拟，研究烟气运动状况，获取火灾参数。以实体火试验为依据，通过 FDS 建立模型，设置相关参数，进行模拟计算，并与实体试验结果对比，判断数值模拟是否可以有效预测实体火试验。

2）电气管廊模型建立

根据上海同泰全尺寸电气管廊试验平台的实际结构尺寸建立模型，如图 6-28 所示。模型为长 20m 的直线形电气管廊。管廊两侧布置电缆桥架，其中右侧为 7 层，桥架宽度为 750mm，桥架层间距为 350mm，最底层桥架距地面 300mm，顶层桥架距顶部 500mm；左侧为 6 层，桥架宽度为 750mm，桥架层间距为 400mm，最底层桥架距地面 300mm，顶层桥架距顶部 500mm。只在右侧桥架布置电缆。

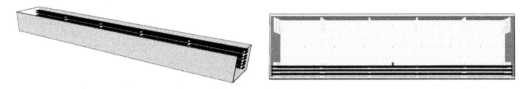

图 6-28　电气管廊模型图

3）网格划分

运用 FDS 软件进行模拟试验时，网格尺寸的划分会对模拟计算过程产生较大影响。若设置的网格尺寸过大，会增大计算误差；若设置的网格尺寸过小，会增加运算过程。因此需要根据模拟工况设置合适的网格尺寸。通常情况下，根据模拟工况下设置的火源的热释放速率，由式(6-3)可计算得出特征火焰直径，网格尺寸应设置为特征火焰直径 D^* 的 $1/16 \sim 1/4$：

$$D^* = \left(\frac{\dot{Q}}{\rho_\infty c_p T_\infty \sqrt{g}} \right)^{\frac{2}{5}} \tag{6-3}$$

式中，$\dot{Q}$ 为火源的热释放速率，kW；ρ_∞ 为空气密度，取 $1.2kg/m^3$；c_p 为空气比热，取 $1kJ/(kg \cdot K)$；T_∞ 为环境空气温度，取 293K；g 为重力加速度，取 $9.81m/s^2$。

实际试验中设定的火源为 250kW 的丙烷燃烧器，由式(6-3)计算得出特征火焰直径为 0.55m，网格尺寸设置为 0.1m 较为合适。

4）模拟场景的设定

①细水雾灭火系统的设置

根据电气管廊内细水雾灭火系统的实际情况，设置相关参数。细水雾灭火系统喷头设置为局部应用及全淹没应用两种方式。其中，全淹没应用喷头安装于管廊顶部中间，喷头布置间距为 3m，布置一排喷头，共 9 个喷头。局部应用喷头直接指向被保护的电缆，布置在右侧，喷头间距为3m，安装角度为45°。细水雾喷头选择 $K=1.0$、0.7的开式喷头，喷头喷水强度分别为 $1.0L/(min \cdot m^2)$、$0.7L/(min \cdot m^2)$。

②火源设置

根据前文所示，设置两种引火源，火源位置设置在底层中部电缆表面。为了缩短模拟时间，在60s内使温度上升至300℃，模拟电加热引火的工况。由于在实际试验中，丙烷燃烧器引燃电缆后就会撤去，在模拟中设置 $0.001m^3$ 的火源，引燃电缆后会消耗掉。

③风速设置

与实体火试验相对应，分别设置0.5m/s和2m/s两种风速。

④材料参数设置

模拟中所涉及的材料共有4种，混凝土、钢、聚氯乙烯和铜，其基本参数设置如表6-3所示：

模拟中所涉及的材料基本参数设置　　　　　　　　　　　表6-3

材料	导热系数	密度(kg/m³)	比热[kJ/(kg·K)]
电缆托架(钢)	45.80	7850	0.46
墙壁(混凝土)	1.80	2280	1.04
聚氯乙烯	0.16	1380	0.90
铜	387.00	8960	0.38

⑤数据采集

温度数据采集点的设置位置与实体火试验中设置的位置相同，如图6-29所示。

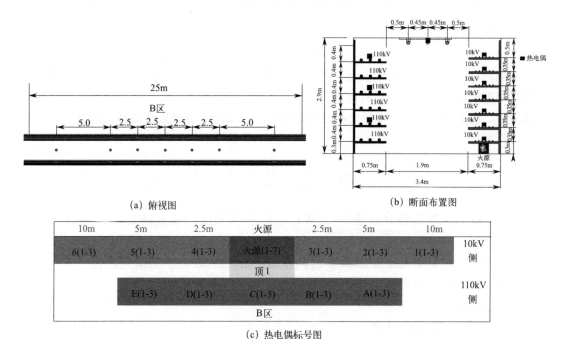

(a) 俯视图　　　　　　　　　　　(b) 断面布置图

(c) 热电偶标号图

图6-29　温度数据采集点的设置位置图

5）模拟工况

为了与试验工况相对应，模拟工况的设置情况与试验工况相一致，如表6-4所示。

模拟工况 表6-4

工况编号	火源位置	引火源	燃烧物	风速(m/s)	灭火系统 [L/(min·m²)]	灭火系统安装方式
1	底部	电加热	阻燃电缆	0.5	0.7	B区垂直喷头喷放
2	底部	丙烷燃烧器	阻燃电缆	0.5	0.7	B区垂直喷头喷放
3	底部	丙烷燃烧器	阻燃电缆	2	0.7	B区垂直喷头喷放
4	底部	丙烷燃烧器	阻燃电缆	0.5	0.7	B区侧喷头喷放
5	底部	丙烷燃烧器	阻燃电缆（第5、6、7层加密12根电缆）	0.5	0.7	B区垂直喷头喷放
6	底部	丙烷燃烧器	阻燃电缆	0.5	1.0	B区垂直喷头喷放
7	底部	丙烷燃烧器	阻燃电缆	0.5	不启动灭火系统	—

6）模拟结果及数据分析

①工况2：标准工况

图6-30为模拟工况2空间顶部温度分布图。由图可知，细水雾灭火系统在90s开启，空间顶部温度在细水雾开启的一段时间内仍在持续升温，当升温至最高温度150℃时，温度开始骤降，大约在250s温度降至50℃，随后降至室温。

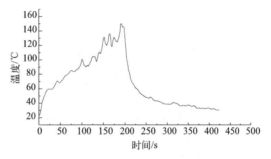

图6-30 模拟工况2空间顶部温度分布

图6-31为工况2火源层及火源上方温度分布图，由图可知，火源上方两层的温度大于火源层温度，火源位置3的温度值最高，可达到850℃，火源层及火源上方两层的温度明显高于其他层温度。

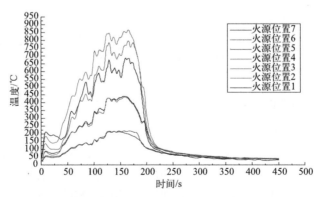

图6-31 工况2火源层及火源上方温度分布图

②对比分析工况1、2

图6-32为模拟工况1空间顶部温度分布图。由图可知，空间顶部温度有较小幅度的上升，150s左右细水雾灭火系统开启，当细水雾灭火系统开启后，空间顶部温度迅速

下降。

图 6-33 为工况 1 火源及火源上方温度分布图。由图可知，火源层温度值最高，温升幅度最明显，随高度的上升，温升幅度逐渐变小，顶层托架层温度没有明显温度变化，细水雾灭火系统开启后，温度会持续上升一段时间后开始下降。

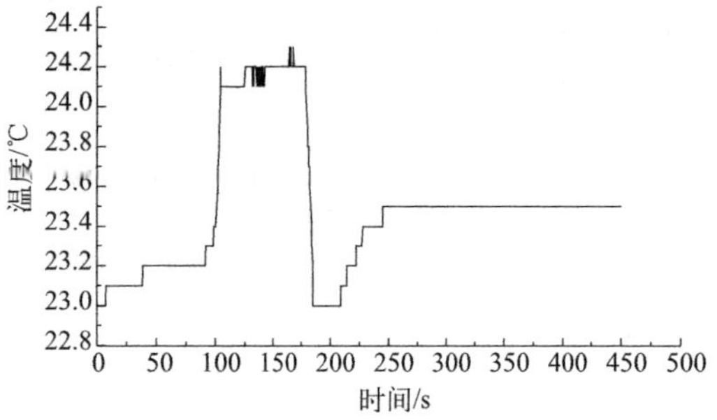

图 6-32　工况 1 空间顶部温度分布图

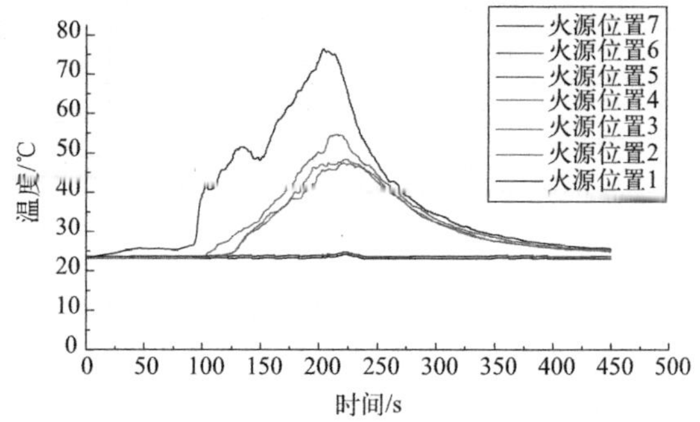

图 6-33　工况 1 火源及火源上方温度分布图

③对比分析工况 2、3

图 6-34 为工况 2、3 空间顶部温度曲线对比图。由图可知，当风速增大时，触发报警信号的时间延后，增大风速促进了火势向火源下风向蔓延，因此火源断面空间顶部温度有所下降。当风速增大时，细水雾开启时间延后，且空间顶部温度的降温速率有所下降。

图 6-35 为工况 3 火源及火源上方的温度分布图。由图可知，当风速增大后，火源层的温度值最高，火源层及火源上方两层的温度值仍明显高于其他层温度值，但与自然通风条件相比，温度整体有所下降。

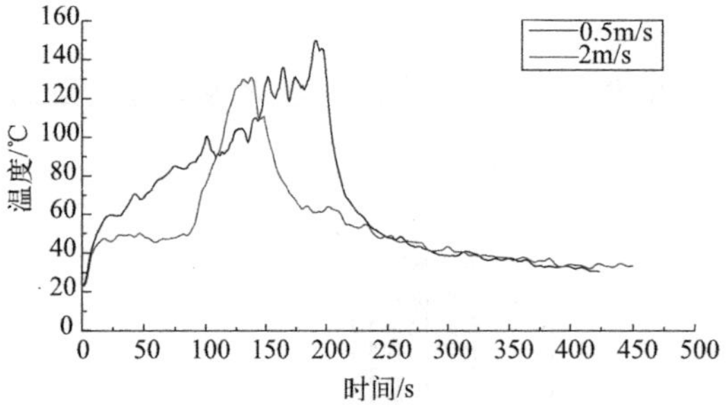

图 6-34　工况 2、3 空间顶部温度曲线对比图

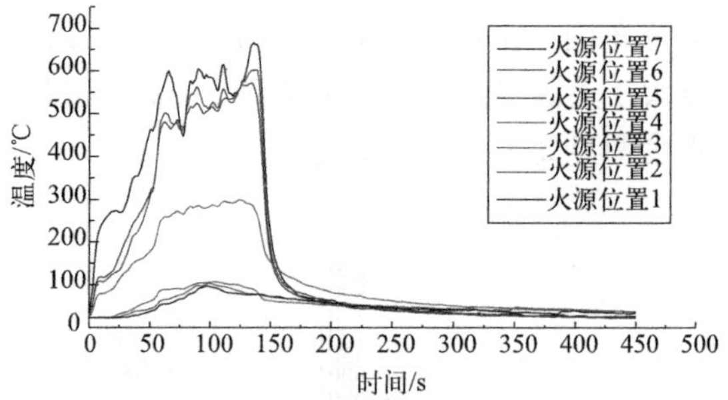

图 6-35　工况 3 火源及火源上方温度分布图

④对比分析工况 2、4

图 6-36 为工况 2、4 空间顶部温度曲线对比图，喷头分别采用侧喷和垂直喷的方式时，空间顶部温度分布规律具有相似性，当顶部温度达到报警温度，开启细水雾灭火系统时，空间顶部温度会继续升温一段时间后，再开始降温。当喷头采用侧喷时，空间顶部温度的降温速率有所下降。

图 6-37 为工况 4 火源及火源上方温度分布图。由图可知，火源层及火源上两层温度变化幅度最大，其他层温度变化不明显。与工况 2 相比，降温速率减缓。

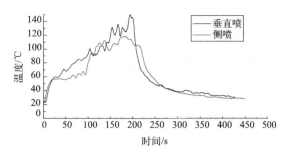

图 6-36　工况 2、4 空间顶部温度曲线对比图

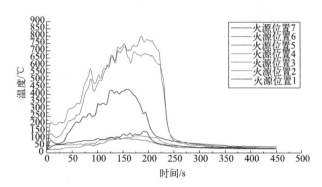

图 6-37　工况 4 火源及火源上方温度分布图

⑤对比分析工况 2、5

图 6-38 为工况 2、5 空间顶部温度曲线对比图。由图可知，当电缆在 5、6、7 层托架加密布置时，空间顶部温度没有明显变化，由于设置的为阻燃电缆，引燃温度较高，火源设置不变的情况下，加密布置电缆更难以被引燃，且加密布置的情况下，热烟气向空间顶部蔓延受到影响，故空间顶部温度没有明显变化。

图 6-39 为工况 5 火源及火源上方温度分布图。由图可知，与工况 2 相比，工况 5 火源及火源上方温度整体下降，火源层温度最高，由于加密布置电缆，导致电缆更难以被引燃，故上层托架温升变化不明显。

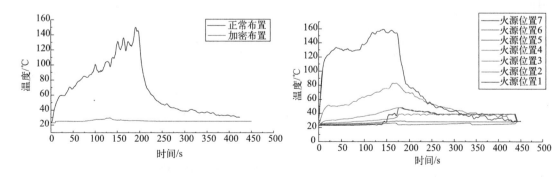

图 6-38　工况 2、5 空间顶部温度曲线对比图　　　图 6-39　工况 5 火源及火源上方温度分布图

⑥对比分析工况 2、6

图 6-40 为工况 2、6 空间顶部温度分布对比图。由图可知，大约 100s，温度达到

85℃，细水雾灭火系统开启。在细水雾灭火系统开启后，空间顶部温度在一段时间内仍持续升温，空间顶部温度最高值为160℃，与工况 2 相比，两种喷水强度作用下的降温速率相差不大，但细水雾喷水强度为 1.0L/(min·m²) 时，空间顶部温度较高。可看出喷水强度为 0.7L/(min·m²) 时可以更好地控制温度上升。

图 6-41 为工况 6 火源及火源上方的温度分布图。由图可知，工况 6 与工况 2

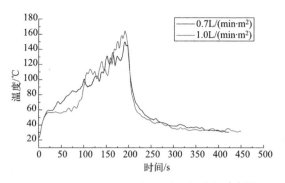

图 6-40　工况 2、6 空间顶部温度分布对比图

火源及火源上方的温度分布规律相似，火源层及火源上方两层的温度值最高，温升幅度最大，两种喷水强度作用下的降温速率相差不大。

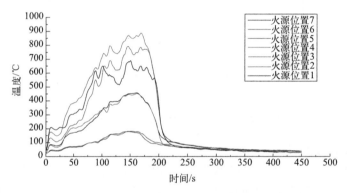

图 6-41　工况 6 火源及火源上方温度分布图

⑦对比分析工况 2、7

图 6-42 为工况 2、7 空间顶部温度分布对比图。由图可知，工况 2 设置了细水雾灭火系统，在细水雾灭火系统开启之前两种工况下达到的温度值相近，细水雾灭火系统开启后，工况 2 温度会持续上升一段时间后再开始下降，工况 7 在温度达到最高值后保持这一温度。

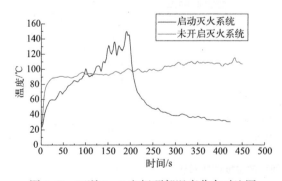

图 6-42　工况 2、7 空间顶部温度分布对比图

图 6-43 为工况 7 火源及火源上方温度分布图。由图可知，细水雾灭火系统未开启前，

工况7与工况2的火源及火源上方温度分布规律保持一致，火源上两层的温度高于火源层温度，且明显高于其他层的温度，未开启细水雾灭火系统的工况下，火源及火源上方温度在达到最高值后保持这一温度。

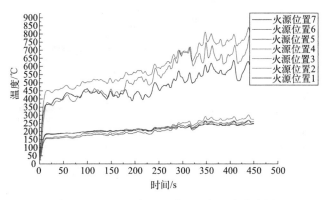

图 6-43　工况 7 火源及火源上方温度分布图

7）模拟与试验对比分析

①工况 2 对比分析

图 6-44 为标准工况模拟与试验的空间顶部温度分布图。由图可知，模拟及试验空间顶部温度分布规律大致相同。在模拟工况下，设定报警温度为 85℃，细水雾喷头在顶部温度达到报警温度后就会立即开启；试验工况下，在达到报警温度后，联动启动细水雾灭火系统还需要一段时间。模拟工况下，细水雾灭火系统开启后，空间顶部温度会继续升温一段时间后，再开始降温，在试验工况下，细水雾灭火系统开启后，空间顶部温度直接开始下降。

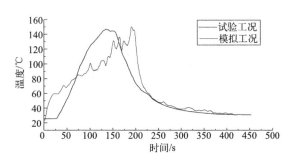

图 6-44　标准工况模拟与试验的空间顶部温度分布图

图 6-45 为标准工况模拟与试验火源及火源上方温度分布的对比图，由图可知，两者的温度变化规律具有一致性，火源对火源上两层托架温度的影响最大，火源上两层托架的温度值最高，其他层温度相对较低。

②引火源影响

图 6-46 为采用电加热器引火源时，模拟与试验空间顶部温度对比图。由图可知，模拟与试验工况下，空间顶部温度都没有明显温度变化，当设置的引火源为电加热起火时，火源功率较小，不足以引燃电缆，因此空间顶部温度没有明显变化。

图 6-47 为采用电加热引火源时，模拟与试验火源及火源上方温度对比图。由图可知，模拟与试验工况下，火源及火源上方温度变化规律相似，火源层温度最高，随高度的升

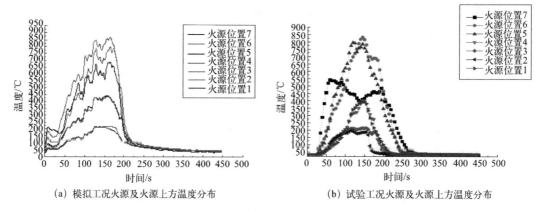

(a) 模拟工况火源及火源上方温度分布　　　　(b) 试验工况火源及火源上方温度分布

图 6-45　标准工况模拟与试验火源及火源上方温度分布对比图

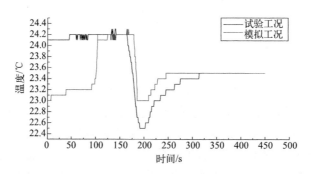

图 6-46　采用电加热器引火源时，模拟与试验空间顶部温度对比图

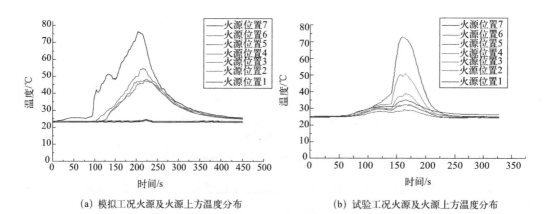

(a) 模拟工况火源及火源上方温度分布　　　　(b) 试验工况火源及火源上方温度分布

图 6-47　采用电加热器引火源时，模拟与试验火源及火源上方温度对比图

高，温度逐渐降低。与设置丙烷燃烧器引燃的工况相比，采用电加热器引火时，环境温度整体降低。

③风速影响

图 6-48 为风速为 2m/s 时，模拟与试验空间顶部温度对比图。如图所示，模拟和试验工况下，风速对空间顶部温度分布的影响规律相似。与标准工况相比，当风速增大时，温度达到报警温度的时间延迟，细水雾灭火系统开启时间延迟，火源断面空间顶部温度有所

下降，空间顶部温度降温速率下降。

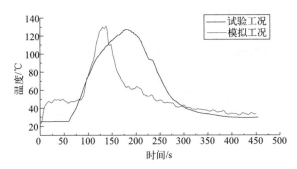

图 6-48　风速 2m/s 时，模拟与试验空间顶部温度对比图

④喷头布置方式的影响

图 6-49 为采用侧喷喷头时，模拟及试验空间顶部温度曲线对比图。由图可知，在模拟和试验工况下，喷头布置方式对空间顶部温度分布规律的影响具有相似性。当喷头布置方式设置为侧喷时，空间顶部降温速率下降。

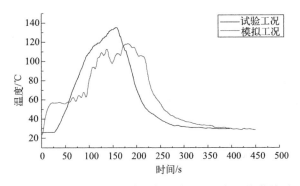

图 6-49　采用侧喷喷头时，模拟与试验空间顶部温度曲线对比图

图 6-50 为采用侧喷喷头时，模拟与试验火源及火源上方温度分布曲线图。由图可知，模拟和试验工况下，不同喷头布置方式对火源及火源上方的温度分布规律的影响具有相似

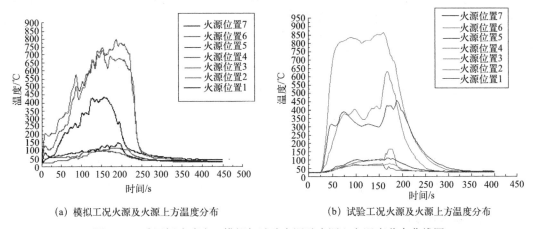

(a) 模拟工况火源及火源上方温度分布　　　　(b) 试验工况火源及火源上方温度分布

图 6-50　采用侧喷喷头，模拟与试验火源及火源上方温度分布曲线图

性。火源及火源上方两层托架的温升变化最明显，其余层的温度变化较小，与采用垂直喷头的工况相比，采用侧喷喷头降温速率减缓。

⑤电缆布置的影响

图 6-51 为加密布置电缆时，模拟与试验空间顶部温度对比图。由图可知，在模拟及试验工况下，电缆布置方式对空间顶部温度分布规律的影响相似。正常布置的工况下，空间顶部温度有明显上升，而当电缆加密布置时，空间顶部温度没有明显变化，由于加密布置电缆后，电缆更难以被引燃，同时热烟气向上传播也受到阻碍，因此空间顶部温度没有明显变化。

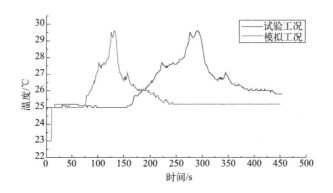

图 6-51 加密布置电缆时，模拟与试验空间顶部温度对比图

图 6-52 为加密布置电缆时，模拟与试验火源及火源上方温度分布图。由图可知，在模拟及试验工况下，电缆布置方式对火源及火源上方温度变化规律的影响具有一定的相似性。试验工况下，有一组工况数据存在问题，其余测温点的温度变化规律相似，火源层温度温升变化最明显，其余层的温度变化较小或基本没有温升变化。

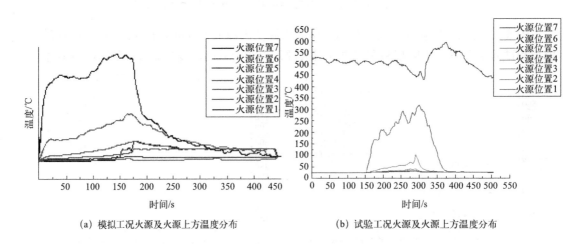

(a) 模拟工况火源及火源上方温度分布　　　　(b) 试验工况火源及火源上方温度分布

图 6-52 加密布置电缆时，模拟与试验火源及火源上方温度分布图

⑥喷头喷水强度的影响

图 6-53 为细水雾喷水强度为 $1.0 \mathrm{L}/(\mathrm{min} \cdot \mathrm{m}^2)$ 时，模拟与试验空间顶部温度对比

图。模拟工况下，细水雾不同喷水强度对空间顶部温度变化规律的影响不大，在试验工况下，细水雾喷水强度为 0.7L/(min·m²) 的降温速率大于喷水强度为 1.0L/(min·m²) 的降温速率。在模拟工况下，两种喷水强度下空间顶部的降温速率相差不大，但喷水强度为 1.0L/(min·m²) 时空间顶部温度较高，可见细水雾喷水强度为 0.7L/(min·m²) 可以更好地控制温度上升。

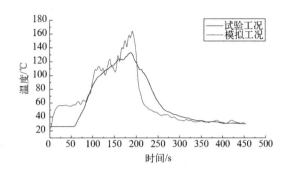

图 6-53　细水雾喷水强度 1.0L/(min·m²) 时，模拟与试验空间顶部温度对比图

图 6-54 为细水雾喷水强度为 1.0L/(min·m²) 时，模拟与试验火源及火源上方温度分布图。由图可知，在模拟和试验工况下，细水雾不同喷水强度对火源及火源上方温度分布规律的影响具有相似性，细水雾喷水强度为 1.0L/(min·m²) 时，火源及火源上方温度的降温速率下降。

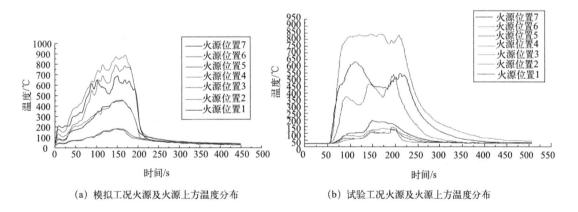

（a）模拟工况火源及火源上方温度分布　　　　（b）试验工况火源及火源上方温度分布

图 6-54　细水雾水强度为 1.0L/(min·m²) 时，模拟与试验火源及火源上方温度分布图

⑦细水雾灭火系统的影响

图 6-55 为未开启细水雾灭火系统时，模拟与试验空间顶部温度对比图。由图可知，在模拟和试验工况下，未开启细水雾灭火系统时空间顶部温度分布有一定的差异性，模拟工况下，细水雾灭火系统未开启，空间顶部温度上升至最高温度后保持这一温度，而在试验工况下，空间顶部温度上升至最高温度后开始有所下降，但降温速率明显低于开启细水雾灭火系统时的降温速率。产生差异性的原因是试验中布置的电缆具有阻燃性能，在模拟中难以实现。

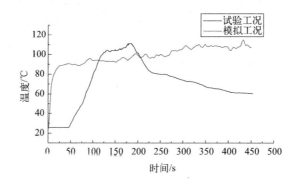

图 6-55　未开启细水雾灭火系统时,模拟与试验空间顶部温度对比图

图 6-56 为未开启细水雾灭火系统时,模拟与试验火源及火源上方温度分布图。由图可知,模拟与试验工况下火源及火源上方温度分布规律存在一定的差异性,在模拟工况下,火源及火源上方温度在升温至最高温度后保持这一温度值;试验工况下,火源及火源上方温度在升温至最高温度后保持一段时间后,开始下降,但降温速率明显小于开启细水雾灭火系统时的降温速率。

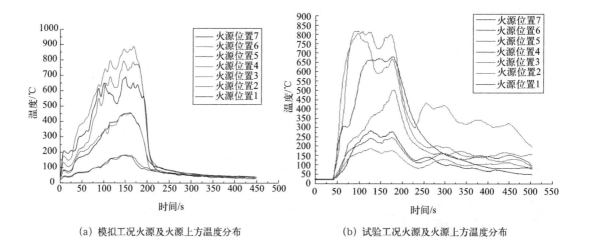

(a) 模拟工况火源及火源上方温度分布　　　　(b) 试验工况火源及火源上方温度分布

图 6-56　未开启细水雾灭火系统时,模拟与试验火源及火源上方温度分布图

综上,模拟结果与实体试验结果比较符合,不同因素对火灾温度分布规律的影响也具有一致性。在模拟工况下,细水雾灭火系统开启后,空间顶部温度会在一段时间内持续上升后开始下降,在试验工况下,空间顶部温度会直接开始下降。因此在模拟工况下考虑细水雾的灭火效果,不仅要看降温速率还要考虑细水雾开启后对温度上升过程的影响。由于实体火试验中布置的电缆为阻燃电缆,电缆着火燃烧后不延燃或燃烧控制在一定范围内,在模拟中,材料不具有这一特性,因此在未开启细水雾灭火系统的工况下,模拟与试验结果存在一定的差异性。但总体上看,细水雾灭火系统的模拟结果与试验结果具有较好的一致性。

8) 模拟结论

通过对比模拟与试验的结果,可以发现模拟与试验工况下,电气管廊空间温度变化规律具有较好的一致性。与试验相比,模拟的工况下,细水雾灭火系统开启后,空间顶部温度会在一段时间内持续上升后再开始下降,这与试验中温度的变化过程有所不同,因此在模拟中分析细水雾灭火系统的灭火效果,不仅要观察从最高温度开始下降时的降温速率,细水雾开启后对温度上升过程的影响也需要考虑。

由于试验中布置的电缆材料具有阻燃性,其阻燃特性会将火势控制在一定范围内,防止电缆延燃,在模拟工况下很难达到这一标准,因此未开启细水雾的模拟工况与试验工况结果存在一定差异。另外在试验中设置外部火源的工况下,用丙烷燃烧器点燃电缆后就会撤去燃烧器,在模拟工况下,可设定一定体积的火源在引燃电缆后即会被消耗掉,这样与试验可保持较好的一致性。

综上,模拟与试验结果具有较好的一致性,可用来验证试验结果,对难以开展的试验工况可进行有效预测。

(3) 电缆隧道灭火系统高压细水雾灭火系统试验

试验管廊尺寸长×宽×高为95m×3.4m×2.9m,高压细水雾灭火系统将管廊分为4个防护分区:A、B、C、D,如图6-57所示。

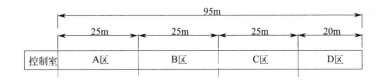

图6-57 管廊防护分区简图

管廊试验平台采用真实地下管廊电缆进行电缆火灾试验。管廊A区两侧布置电缆桥架,其中进口右侧,也是火源侧,为7层,桥架的宽度750mm,相邻桥架层的间距350mm,最底层桥架距地面300mm,顶层桥架距顶部500mm;进口左侧,为6层,桥架的宽度750mm,相邻桥架层的间距400mm,最底层桥架距地面300mm,顶层桥架距顶部500mm,两侧桥架均布置电缆。试验电缆隧道的环境条件,电缆桥架及模拟动力电缆的设置情况与实际电缆桥架基本一致,能够满足预定试验条件的要求。

管廊B、C、D区只在火源侧每层布置6根10kV的电缆。各层电缆桥架电缆布置如表6-5所示。

各层电缆桥架电缆布置(A右侧、B、C、D)　　　　　　　　表6-5

区域	桥架数	电缆规格	电缆数量(根)
A右侧、B、C、D	1~7层	$4\times25mm^2$	6
A区左侧	1~6层	$4\times240mm^2$	3

试验中产生的烟雾通过可移动式风机排放至室外。在控制室设置有手提式灭火器。

喷雾强度选择:细水雾喷头选用 $K=1.0$、0.7的开式喷头,喷头工作压力不小于10.0MPa。设计喷雾强度为 $1.0L/(min \cdot m^2)$、$0.7L/(min \cdot m^2)$。

喷头安装方式：系统分为局部应用和全淹没应用两种方式。其中，全淹没应用喷头安装于管廊顶部中间，喷头之间距离为 3m，布置一排喷头，共 34 个喷头（D 区 7 个，其他区为 9 个）。局部应用喷头直接指向被保护的电缆，其中 A 区两侧均有布置，B、C、D 区布置在一侧，喷头间距为 3m，喷头安装角度与水平呈 45°。喷头布置示意图如图 6-58 所示，管廊电缆、喷头布置示意图如图 6-59 所示。喷头的控制阀箱安装在管廊附近的控制室。

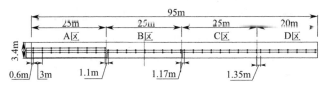

图 6-58 喷头布置示意图

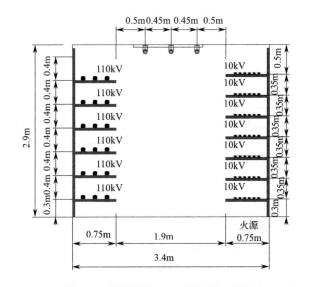

图 6-59 管廊电缆、喷头布置示意图

本试验中，当管廊某处出现火灾，灭火系统中的报警系统发出警报，启动管廊相应防护分区高压细水雾喷头喷雾灭火。本次试验为了简化试验过程和方便数据采集，只开启本着火分区的细水雾灭火系统。

实际上，因温度传感器等监控元件的探测误差，会导致温度异常点无法准确定位，因此灭火将启动着火区域及相邻两个区域的灭火系统，如当 B 区域发生火灾，启动细水雾灭火系统的同时，相邻的 A、C 区域的细水雾灭火系统也启动。

1）火源设置

火源位置设置在 B 区中间最下层桥架的底部位置，电加热与丙烷燃烧器如图 6-60 所示。

电加热引火：模拟内部起火的情况，选用线型陶瓷电加热器，模拟电缆自身出现故障，发生燃烧的情况。由热处理温度控制箱和长度为 10m 的线型陶瓷电加热器组成，其额定功率为 10kW，最高调节温度为 600℃，试验中设定温度为 300℃。

(a) 电加热　　　　　　　　(b) 丙烷燃烧器　　　　　(c) 丙烷燃烧器罐体

图 6-60　电加热与丙烷燃烧器

丙烷燃烧器：本次试验主要验证高压细水雾的灭火效能，试验中电缆火灾采用外部引燃方式，即人为使其电缆起火，本试验采用丙烷燃烧器引燃，具体设置按照现行国家标准《细水雾灭火系统技术规范》GB 50898 中 A4.3 条的规定，电缆隧道模拟试验中，模拟火源的燃料为丙烷，采用热释放速率为（250±25）kW 的气体燃烧器。

2）管廊附属设施

电缆隧道内，附属设施有消防系统、通风系统、供电系统、照明系统、排水系统、监控与报警系统等。本研究中，自动灭火系统设置为高压细水雾灭火系统。细水雾管廊内的应用方式分为向整个防护区内喷放细水雾的全淹没应用方式和向保护对象直接喷放细水雾的局部应用方式。研究将细水雾防护分区 B 单独分割出来，因此属于细水雾的局部应用方式。

针对不同的应用场景，高压细水雾的流量、压力值或者喷放角度也不尽相同。在使用高压细水雾灭火过程中：流量是灭火的关键因素，压力和角度要根据使用场景确定。本试验研究中，细水雾喷头选用 $K=1.0$、0.7 的开式喷头，喷头工作压力不小于 10.0MPa。根据式(6-4)：

$$q = K\sqrt{10P} \tag{6-4}$$

式中，P 为水雾喷头的工作压力（MPa）。K 为水雾喷头的流量系数，由生产厂家提供。计算得到两种流量系数下的水流量分别约 1.0L/(min·m²)、0.7L/(min·m²)。

在本试验中，喷头安装于管廊顶部中间，喷头之间距离为 3m，试验管廊沿纵向共34 个喷头（D 区 7 个，其他区为 9 个）。局部应用喷头直接指向被保护的电缆，其中 A区两侧均有布置，B、C、D 三区布置在一侧，喷头间距为 3m，喷头安装角度与水平呈45°。喷头的控制阀箱安装在管廊附近的控制室，控制阀箱和内部压力表如图 6-61所示。

通风方面，现行国家标准《城市综合管廊工程技术规范》GB 50838 中通风系统章节7.2.7 条提及："综合管廊舱室内发生火灾时，发生火灾的防火分区及相邻分区的通风设备应能够自动关闭"。但在现行国家标准《细水雾灭火系统技术规范》GB 50898 附录 A细水雾灭火系统的实体火灾模拟试验部分，针对电缆隧道和电缆夹层，A.4 中提到："试

(a) 控制阀箱　　　　　　　　(b) 工作状态下内部压力表数值

图 6-61　控制阀箱和内部压力表

验宜在强制纵向通风的环境下进行，试验前应进行风速测量和调节，测量点应位于隧道人行通道的正中位置，测量点风速不应小于 1m/s"。同时，3.1.6 条中指出："开式系统采用局部应用方式时，保护对象周围的气流速度不宜大于 3m/s"。根据现行国家标准《城市综合管廊工程技术规范》GB 50838，管廊内部发生火灾的情况下，正常情况下是没有通风系统参与的，但是结合现行国家标准《细水雾灭火系统技术规范》GB 50898，考虑到管廊运营过程中防火门未按照要求关闭，封堵不严引起的空气流动，本试验考虑了风速条件下的细水雾灭火试验。本试验设置有可移动式风机，在试验工况中，火源所在横断面正中间位置可探测到 2m/s 的风速。

　　管廊内风机布置如图 6-62 所示，从图中能够看到，风机将无法在整个管廊断面上形成均匀的风速，模拟工作中考虑的是整个断面形成的均匀风速，因此会对烟气流动情况和温度场分布的对比造成一定的影响。

图 6-62　管廊内风机布置

　　3) 温度测量布置位置

　　①在气体燃烧器正上方每层桥架布置 1 个测量温度的热电偶，共 7 个。

　　②管廊纵向位置：在火源两侧距离火源 0、2.5m、5m、7.5m 七个断面处布置热电偶。断面及热电偶布置图如图 6-63 所示。

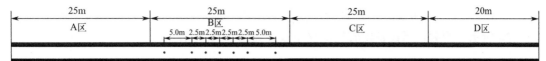

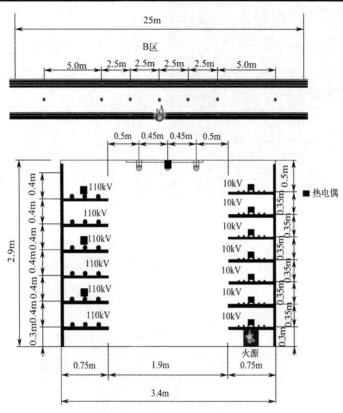

图 6-63 断面及热电偶布置图

火源区热电偶布置现场图如图 6-64 所示。

图 6-64 火源区热电偶布置现场图

本试验中，为防止细水雾释放对设备造成影响，热像仪布置在 A、B 区交界位置，如图 6-65 所示；视频记录设备挨着热像仪布置，如图 6-66 所示。

图 6-65　热像仪布置图

图 6-66　视频记录设备布置图

4）试验工况（表 6-6）

<table>
<tr><td colspan="2"></td><td></td><td></td><td>试验工况表</td><td>表 6-6</td></tr>
</table>

工况编号	引火源	阻燃电缆数量（根）	风速（m/s）	灭火系统喷雾强度[L/(min·m²)]	灭火系统安装方式
1	电加热	6	—	0.7	垂直喷头
2	丙烷燃烧器	12	—	—	垂直喷头
3	丙烷燃烧器	6	—	0.7	垂直喷头
4	丙烷燃烧器	6	—	0.7	侧喷喷头
5	丙烷燃烧器	12	—	1.0	垂直喷头
6	丙烷燃烧器	6	2	0.7	垂直喷头
7	丙烷燃烧器	12	—	0.7	垂直喷头

试验步骤：

①试验准备：根据试验工况，准备火源，打开两侧门，测量并记录管廊内风速。

②检查泵组、阀组和喷头的状态是否完好，记录喷头压力。

③开启数据采集系统，使其处于正常工作状态，录像机开始摄录，热像仪开始摄录，光束报警器开始摄录；照相机、烟气分析仪到达指定位置。

④点燃丙烷燃烧器，记录点火时间，预燃时间不少于1min，待电缆燃烧完全时，同时关闭丙烷燃烧器。

⑤待充分预燃后，根据指示，关闭两边疏散门，手动开启高压细水雾区域控制阀组，系统启动相应分区，喷放细水雾进行灭火，记录细水雾开始喷放时间。

⑥记录喷雾状态、灭火时间。

⑦确认灭火后，关泵泄压，关闭区域控制阀组。

⑧记录和保存火场温度随着时间变化曲线。

⑨高压细水雾灭火系统喷放15min（根据实际情况）后关闭，若高压细水雾灭火系统启动15min后，仍未灭火，采用细水雾灭火枪对火源实施人工灭火。

⑩清理并替换引燃电缆，准备下一组试验。

5）灭火效果试验结果与分析

①工况1火源及其上方温度（图6-67）

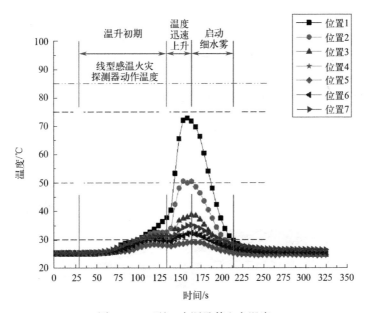

图6-67 工况1火源及其上方温度

在工况1中，采用的是电加热方式。30s时接通电源，即模拟电缆过热起火，起初温度并无异常，60s时温度开始缓慢升高。电加热电缆试验结果可分为四个阶段。第一阶段，在135s之前，接触点正上方最高温度升至约40℃。第二阶段，135~165s的时间里，温度快速上升，且最高温度达到73℃，此时第二层电缆的温度也超过50℃。结合视频资料，150s时底层电缆出现明火，同时伴随大量烟气产生，如图6-68所示。资料显示，一般应用于电缆隧道等常温场所的线型感温火灾探测器设定的动作温度为85℃，线型感温火灾探测器产品的国家标准中规定探测器动作温度误差为±10%，测量允许误差为±5%。而试验现象中，即便在出现明火时，温度也未达到85℃。第三阶段是细水雾释放阶段，

165s时开启高压细水雾。能够看到，高压细水雾的喷放能够明显降低空间温度，细水雾喷放约50s后火源上方电缆温度全部降低至30℃以下。第四阶段，细水雾持续喷放，215s后火源上方电缆温度全部降低至环境温度。

通过以上分析，通电后，温度在开始的105s内并未出现明显上升，最高约40℃。但135s～165s内，温度迅速上升，最高至73℃，期间出现明火且伴随大量烟气。但是此温度仍然小于顶层线型感温火灾探测器的报警温度，这将引起火势的进一步发展，对灭火更加不利。

②工况1火源所在侧、火源对侧、空间顶部温度

为探究管廊空间整体的温度变化情况，统计了火源所在侧、火源对侧、空间顶部温度。分别如图6-69～图6-71所示。

图6-68 150s底层电缆出现明火

如图6-69所示，电缆自燃基本没有对2.5m及更远处空间的温度产生影响。165s开启高压细水雾灭火系统之后，空间整体温度出现下降，随后保持稳定状态。距火源侧C端2.5m处3处热电偶温度略有上升，最高不超过26℃，是由于细水雾释放后，与管廊内部空气相互混合，加上吸热汽化的细水雾弥漫导致。

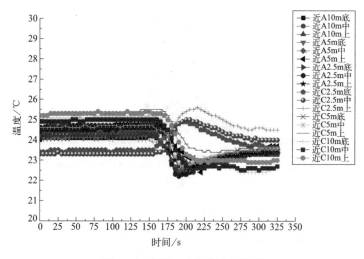

图6-69 工况1火源所在侧温度

火源位置正对侧是C区热电偶。C区竖向3个热电偶中，65s之前底部和中间位置热电偶温度均未发生变化，最上方热电偶温度逐渐升高，到165s时高压细水雾启动之前，温度仅有轻微上升，此时火源对侧空间温度上升较小，不需要担心火源侧高温空气对非火源侧电缆的影响。开启高压细水雾之后，温度整体呈现下降趋势，波动后逐渐恢复稳定。

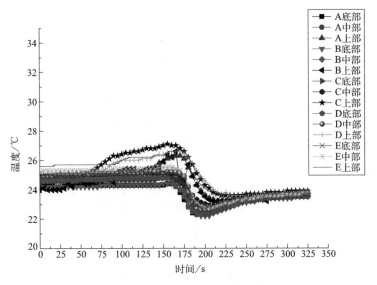

图 6-70　工况 1 火源对侧温度

从图 6-71 中可得，线缆短路情况下，细水雾释放后 30s 时间内，空间顶部温度出现下降，之后 70s 时间内，由于细水雾与空气、烟气的混合作用，导致温度逐渐上升到与环境温度相近。细水雾启动前的 165s 时间内，尽管从视频资料上看，顶部已经有足够多的烟气并蔓延，但管廊顶部空间温度始终与环境温度相近。

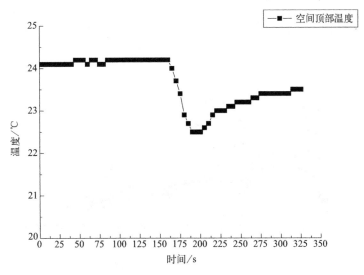

图 6-71　工况 1 空间顶部温度

综合分析图 6-71 能够得到：电缆自燃基本没有对 2.5m 及更远处的空间温度产生影响。单独在管廊顶部敷设感温测温点，将不能及时准确地探测到电缆短路情况，从而导致管廊内火灾事故的进一步扩大。

6）不开启高压细水雾灭火系统（工况 2）

工况 2 中，引火源采用丙烷燃烧器，此工况不开启高压细水雾，主要是为了观察阻燃电缆被引燃后自身能否维持燃烧，能燃烧多久。

①工况 2 火源及火源上方温度

为了尽量符合规范中的试验要求，工况 2 及以后工况均采用丙烷燃烧器模拟火源。自 10s 点火开始，竖向各层桥架热电偶温度均出现明显上升，其中，1～3 层桥架温度上升最快，70s 时第 2、3 层温度超过 800℃，第 1 层电缆 120s 时温度达到最大值 670℃。位置 1 热电偶温度在 105s 时及以后保持相对稳定。位置 2 热电偶温度在 60s 时达到最大值 809℃，60～120s 期间温度逐渐下降，这是由于火源逐渐发展，将第 2 层电缆完全包覆，位置 2 处热电偶位于火焰内侧。能够看到位置 3 在 90s 时温度出现下降趋势，比位置 2 处热电偶晚了 30s，在这 30s 之内，火源的蔓延已经从完全包覆第 2 层电缆处蔓延至完全包覆第 3 层电缆处。140s 关闭丙烷燃烧器后，至 150s 的 10s 内，各层桥架空间温度总体呈现上升趋势，150s 之后各层桥架空间温度逐渐下降。由于电缆是阻燃电缆，所以火势并没有进一步扩大。150～450s 之间的 300s 内，除位置 3 外，空间温度下降至 100～250℃的范围，并各自保持相对稳定。如果在发生火灾后，灭火系统失效的情况下，阻燃电缆因其自身特性，并不会出现火势扩大的情况，燃烧将维持在某一温度范围内，并持续一段时间。450s 时开启高压细水雾灭火装置，70s 后，所有空间温度降至 100℃以下，170s 后降至接近初始环境温度。工况 2 火源及火源正上方温度如图 6-72 所示。

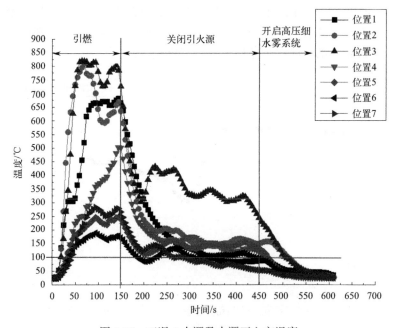

图 6-72　工况 2 火源及火源正上方温度

②工况 2 火源所在侧、火源对侧温度

从图 6-73 可知，尽管在管廊内部，火源区的温度在 150s 之前已经超过 800℃，距火源 2.5m 远处的热电偶温度也只是较环境温度轻微上升，影响程度基本可以忽略。开启高压细水雾灭火系统后，温度呈现波动，总体呈现下降后恢复稳定的趋势。

图 6-74 中，在非火源侧，C 处为与火源关于管廊纵向中心对称位置。10s 时启动丙烷燃烧器，20s 时 C 处顶部热电偶温度开始上升。至细水雾启动前，温度最高达到 33℃，其余部分空间温度升高 2～3℃。140s 时关闭丙烷燃烧器之后，C 处上部空间温度呈现逐渐

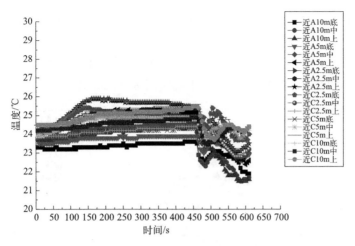

图 6-73 工况 2 火源所在侧温度

下降的趋势，空间其余部位基本保持稳定。开启高压细水雾之后，温度受高压细水雾喷放影响，均出现波动，经过一段时间烟气与细水雾的混合作用后，逐渐降低至与环境温度相近。

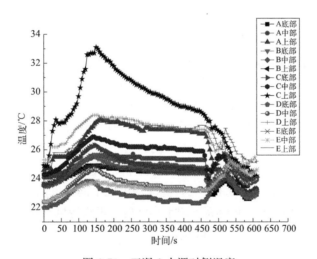

图 6-74 工况 2 火源对侧温度

从图 6-74 中能够看到，虽然火源区温度超过 800℃，但是火源侧 2.5m 远和火源对侧位置的空间温度均未发生大的改变，热烟气不足以对非火源区电缆造成破坏性影响。

7）垂直喷头、出水流量 0.7L/(min·m²)（工况 3）

①工况 3 火源及其上方温度（图 6-75）

由图 6-75 知，55s 时启动丙烷燃烧器后，空间温度迅速上升，启动 65s（120s）后，第 1 层桥架空间达到最高温度 668℃。之后火焰高度逐渐上升。因第 1～3 层电缆桥架热电偶被火焰包覆，温度较之前呈现下降趋势。180s 时开启高压细水雾灭火装置，能够看到，接近底部的第 1、2 层桥架高压细水雾施加的 50s 内，温度出现了明显波动，整体上呈现下降趋势。其余层桥架温度波动则不那么明显，温度总体趋势下降。出现这种现象的原因是丙烷燃烧器的熄灭，携带上部空间热量的高压细水雾液滴出口动能，向下弥漫又引起了温度短时回升，这种现象在火源位置 1、2 处较明显。能够看到，距顶棚最近的位置 7 处的温度 180s 之前持续保持上升态势，自 180s 喷放高压细水雾之后，温度持续下降。从图 6-75 来看，此次高压细水雾灭火可分为三个阶段：温度波动时间区（180～230s）、温度速降时间区（230～325s）、温度平稳下降时间区（325s 以后）。

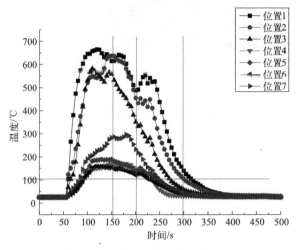

图 6-75　工况 3 火源及其上方温度

②工况 3 火源所在侧温度（图 6-76）

高压细水雾灭火系统开启之前，温度变化范围很小。开启之后，根据上面提到的温度波动时间区，在该时间范围内，距火源 2.5m、5.0m、10m 位置处空间温度均出现小幅下降。在温度速降时间区，空间温度情况随距火源位置的不同而不同：有些区域的温度是先下降后升至温度稳定；有些区域温度是先升高，后下降至一定水平。在近 A 侧和距火源横向对称空间的近 C 侧 10m 处，空间温度小幅下降后升高至 24℃左右。在近 A 侧和距火源横向对称空间的近 C 侧 2.5、5.0m 处，温度均出现不同程度的升高，最高超过 28℃然后降至 25℃左右。可以得出：开启高压细水雾之后，近火源区（距离 5m 范围内）温度先降后升再下降，远火源区温度持续下降至稳定值。

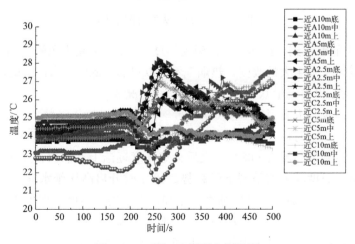

图 6-76　工况 3 火源所在侧温度

③工况 3 火源对侧温度（图 6-77）

在非火源侧，C 处代表与火源关于管廊纵向中心对称位置。55s 时启动丙烷燃烧器，65s 时 C 处顶部热电偶探测温度开始上升。至细水雾启动前，C 处顶部空间温度最高达到 28.3℃，其余部分空间温度约升高 2～3℃。180s 时开启高压细水雾之后，顶部空间温度在 50s 内升高至 34.1℃。其余各处空间温度受高压细水雾喷放影响均下降，经过一段时间烟气与细水雾的混合作用后，温度出现小幅上升，之后逐渐降低至环境水平。

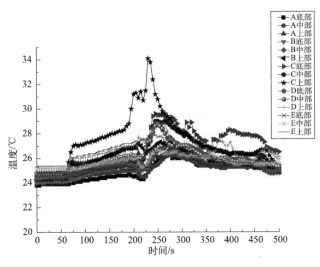

图 6-77　工况 3 火源对侧温度

8）工况 4 喷头形式为侧喷喷头，其余同工况 3 的设定

①工况 4 火源及火源上方温度（图 6-78）

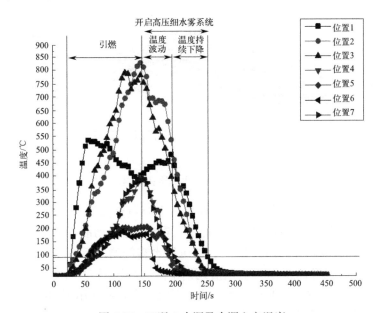

图 6-78　工况 4 火源及火源上方温度

由图 6-78 可知，25s 时启动丙烷燃烧器后，空间温度迅速上升。底层桥架在 60s 时达到最高温度 539℃。随后火焰高度继续上升，将第 1 层电缆桥架热电偶包覆，温度较之前呈现下降趋势。开启高压细水雾灭火系统之前，第 2、3 层桥架空间分别达到最高温度830℃、784℃。145s 时启动高压细水雾灭火装置，能够看到，接近底部的第 1 层桥架高压细水雾施加的 50s 内，温度出现了升高趋势。其余层桥架温度有小范围波动，整体上呈现下降趋势。能够看到：在侧喷的情况下，高压细水雾灭火依然符合工况 3 的趋势。高压细水雾灭火仍可分为三个阶段：温度波动时间区（145~195s）、温度速降时间区（195~255s）、温度平稳下降时间区（255s 以后）。255s 温度全部下降至 100℃ 以下，275s 温度全部下降至 50℃ 以下。

对比工况 3 和工况 4，启动高压细水雾之后，空间整体温度下降至 100℃ 以下的时间分别为 145s、105s。空间整体温度下降至 50℃ 以下的时间分别为 180s、130s。从灭火时间上看，针对着火侧的侧式喷法对灭火更加有利。

②工况 4 火源所在侧、火源对侧温度（图 6-79、图 6-80）

145s 之前的时间内，火源侧温度上升趋势并不明显，升高 2~3℃。启动高压细水雾灭火系统后，在温度波动时间区内，距火源 2.5m、5.0m、10m 位置处空间温度均出现小幅下降。火源侧近火源区（近 A、C2.5m 处）温度变化主要受到吸收大量热量的细水雾迁移影响。整体空间温度情况呈现先升高，后大致稳定至环境水平的趋势。对比工况 3 和 4 能够发现，侧喷下，火源侧空间温度波动更加明显，但温度变化都在较低水平。

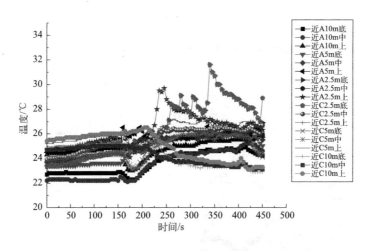

图 6-79　工况 4 火源所在侧温度

在非火源侧，C 处代表与火源关于管廊纵向中心对称位置。25s 时启动丙烷燃烧器，35s 后 C 处上部热电偶探测空间温度逐渐上升。至细水雾启动前，温度最高达到 30℃，其余部分空间温度也小幅上升。145s 时开启高压细水雾侧喷之后，受气流组织影响，C 处顶部空间温度在 50s 内升高至 38℃。随后逐渐下降至环境温度。B、D、E 处顶部空间温度趋势同 C 处。本试验中，在非火源侧，侧喷下温度比直喷作用下的高 4℃，但随着细水雾的释放，最终都将回到环境温度附近水平。

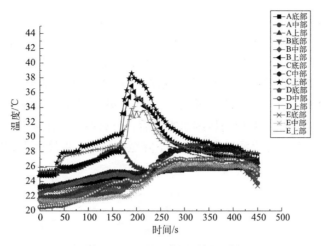

图 6-80 工况 4 火源对侧温度

9）电缆加密、出水流量 1.0L/（min·m²）（工况 5）

工况 5 火源采用丙烷燃烧器引燃阻燃电缆，电缆加密布置。预燃 2min 后，开启高压细水雾灭火系统，喷头形式为垂直喷头，喷头出水流量 1.0L/（min·m²）。

①工况 5 火源及火源上方温度（图 6-81）

由图 6-81 可知，20s 时启动丙烷燃烧器后，空间温度迅速上升，60s 时第 2 层桥架空间温度超过 800℃。70s 时第 1 层桥架空间达到最高温度 387℃。第 4～7 层桥架距离火源较远，启动细水雾前温度波动不如第 1～3 层桥架明显。155s 时开启高压细水雾灭火装置，除第 2 层桥架温度出现明显下降趋势外，其余各层温度出现波动，整体呈下降趋势。260s 时所有测温点温度全部降至 100℃以下。300s 时温度全部降至 50℃以下。

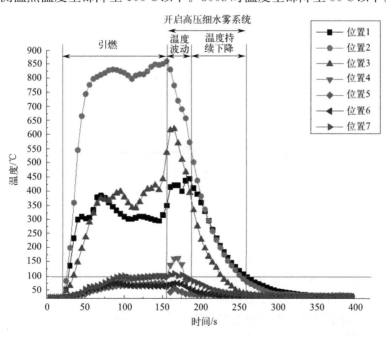

图 6-81 工况 5 火源及火源上方温度

②工况 5 火源所在侧、火源对侧温度（图 6-82、图 6-83）

高压细水雾灭火系统启动之后，空间温度随距火源位置的不同而不同：有些区域的温度是先下降后升至温度稳定；有些区域的温度是先升高，后下降至一定水平。在近 A 侧和距火源横向对称空间的近 C 侧 10m 处，截面空间温度小幅下降后升高至 24℃ 左右。在近 A 侧和距火源横向对称空间的近 C 侧 2.5、5.0m 处，温度均出现不同程度的升高然后降至 25℃ 左右。可以看出：开启高压细水雾之后，近火源区（距离 5m 范围内）温度呈现先降后升再下降的趋势，远火源区温度持续下降至稳定值，温度无引燃电缆的可能。

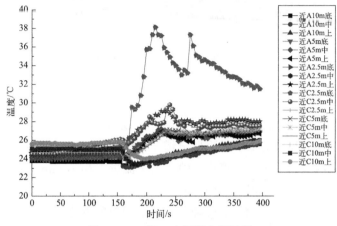

图 6-82　工况 5 火源所在侧温度

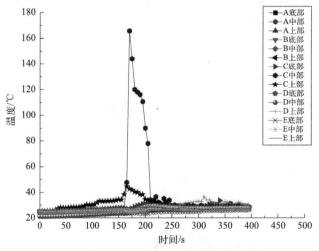

图 6-83　工况 5 火源对侧温度

在非火源侧，C 处代表与火源关于管廊纵向中心对称位置。20s 启动丙烷燃烧器，过约 15s 后，C 处顶部空间温度开始上升。至细水雾启动前，C 处顶部空间温度最高达到 45℃，165s 时开启高压细水雾之后，顶部空间温度持续下降。其余各处空间温度受高压细水雾喷放影响，经过烟气与细水雾的混合作用后，温度出现小幅上升，之后逐渐降低至环境水平。C 处中间部位热电偶数值有悖常识，故不做分析。

10）工况 6 不同于工况 3 的地方在于通风风速设置为 2.0m/s

①工况 6 火源及火源上方温度（图 6-84）

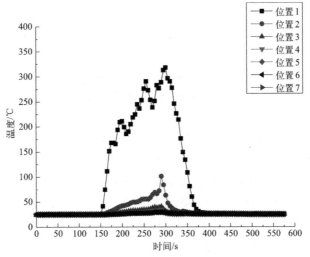

图 6-84　工况 6 火源及火源上方温度

由图 6-84 可知，150s 时启动丙烷燃烧器后，受纵向通风风速的影响，空间温度在波动中逐渐上升，距火源最近的桥架位置 1 处热电偶显示最高温度达到 318℃。同时，受纵向风速影响，位置 2 处的热电偶最高温度为 102℃。位置 3 处的热电偶最高温度为 40℃。第 4 层以上的电缆桥架温度几乎没有发生变化。因此，存在纵向风速的条件下，火源竖向蔓延并不明显。290s 时开启高压细水雾，350s 时；温度全部下降至 100℃以下；365s 时，温度全部下降至 50℃以下。

②工况 6 火源所在侧温度（图 6-85）

如图 6-85 所示，开启高压细水雾前，管廊中上风向与下风向温度都呈上升趋势。受纵向风速的影响，上风向中，距火源 2.5m、5m 的六处热电偶温度均上升，最高温度为 28℃；下风向中，距火源 2.5m、5m、10m 的热电偶温度均出现不同程度的升高，近火源 2.5m 处的温度反而较更远距离处小。10m 远处上部空间温度最高为 34.1℃。未开启纵向通风的条件下，空间最高温度为 28℃。从温度数据能够明显看出：受纵向通风风速的影响，温度沿管廊的纵向蔓延将加快。290s 时开启高压细水雾，60s 之后上风向火源区 5m 范围内与下风向离火源 2.5~10m 范围内空间温度较环境温度高 2~3℃，约 3min 后温度降至环境水平。

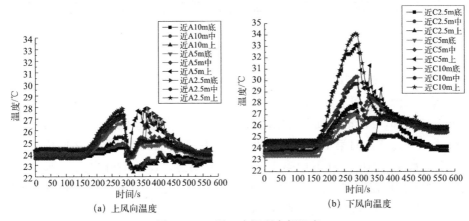

图 6-85　工况 6 火源所在侧温度

163

电缆隧道消防安全技术

对比工况 3 与工况 6 可知：无外界风速条件下，启动高压细水雾灭火装置 145s 后，空间整体温度下降至 100℃以下；管廊内部 2m/s 通风风速条件下，启动高压细水雾灭火装置约 60s，空间整体温度下降至环境温度水平。尽管 2m/s 的通风风速增加了管廊内部的含氧量，但它同时也降低了火源区的温度。虽然火源侧远端温度较无通风时温度升高，但仅比环境温度高 5℃左右，不足以引燃电缆，不会引发二次事故。

③工况 6 火源对侧温度（图 6-86）

由图 6-86 可知，位置 C、D、E 三处顶部空间温度变化趋势一致，且数值较为接近，其中最高温度可达到 49℃。除此之外的空间中，温度趋势也大致相同，即开启高压细水雾前温度上升，开启后温度下降，经波动达到环境水平。

受试验条件影响，无法在整个管廊断面施加 2.0m/s 的风速，采用的是直径为 0.6m 的风机，无法保证整个断面气流均匀稳定，因此出现火源对侧空间最高温度要高于火源侧（结合火源侧温度分布）最高温度的情况。

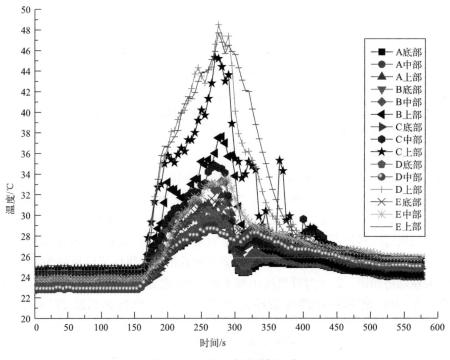

图 6-86　工况 6 火源对侧温度

11）不同于工况 5，工况 7 的喷头出水流量为 0.7L/(min·m²)。

① 工况 7 火源及火源上方温度（图 6-87）

由图 6-87 可知，10s 时启动丙烷燃烧器后，空间温度迅速上升，50s 时第 2 层桥架空间温度超过 800℃。70s 时第 1 层桥架空间达到最高温度 633℃。第 4～7 层桥架距离火源较远，启动细水雾前温度波动不如第 1～3 层桥架明显。150s 时开启高压细水雾灭火装置，经历一段时间的温度波动之后，空间整体温度下降趋势明显，320s 时所有温度全部降低至 100℃以下。400s 时所有温度全部降低至 50℃以下。

对比工况 3 和工况 7，启动高压细水雾之后，空间整体温度下降至 100℃以下的时间

164

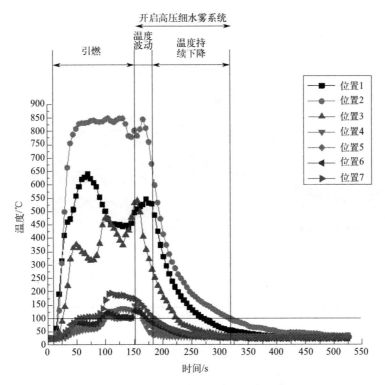

图 6-87　工况 7 火源及火源上方温度

分别为 145s、170s。空间整体温度下降至 50℃以下的时间分别为 180s、250s。从灭火时间上看，工况 7 电缆加密后，灭火时间也将随之增加，即细水雾的灭火效率受电缆疏密程度影响。

　　对比工况 5 和工况 7，启动高压细水雾之后，空间整体温度下降至 100℃以下的时间分别为 105s、170s。空间整体温度下降至 50℃以下的时间分别为 145s、250s。定压条件下，喷头流量系数越大，喷头实际出细水雾流量越大。从灭火时间上看，喷头流量系数增大后（系统水流量增加后），灭火时间明显缩短，即细水雾的灭火效率受喷头流量系数的影响。

　　② 工况 7 火源所在侧温度（图 6-88）

　　高压细水雾灭火系统启动之后，空间温度随距火源位置的不同而不同：有些区域的温度是先下降后升至温度稳定；有些区域温度是先升高，后下降至一定水平。在近 A 侧和距火源横向对称空间的近 C 侧 10m 处，截面空间温度小幅下降后升高至 24℃左右。在近 A 侧和距火源横向对称空间的近 C 侧 2.5、5.0m 处，温度均出现不同程度的升高然后降至 25℃左右。可以看出：开启高压细水雾之后，近火源区（距离 5m 范围内）温度先降后升再下降，远火源区温度先降后升至稳定值。

　　③ 工况 7 火源对侧温度（图 6-89）

　　在非火源侧，C 处代表与火源关于管廊纵向中心对称位置。10s 时启动丙烷燃烧器，25s 后，C 处顶部空间温度开始上升。细水雾启动前，C 处顶部空间温度在 140s 时达到最高 39℃，随后由于烟气沉降及贴壁蔓延，温度出现下降。150s 时开启高压细水雾之后，

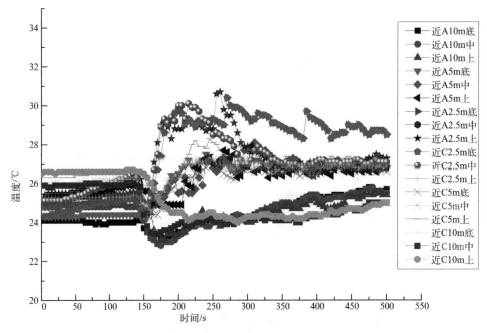

图 6-88　工况 7 火源所在侧温度

顶部空间温度持续下降。其余各处空间温度受高压细水雾喷放影响，经过烟气与细水雾的混合作用后，温度出现小幅上升，之后逐渐降低至环境水平。

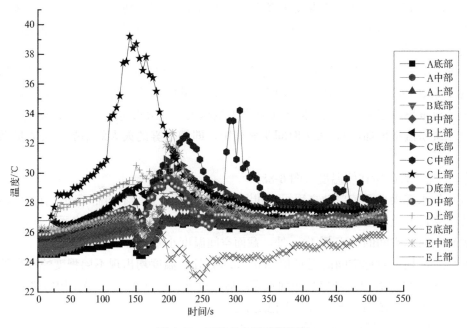

图 6-89　工况 7 火源对侧温度

将以上 7 组工况之间的对比情况统计成表格，如表 6-7 所示。

7 组工况对比情况表　　　　　　　　　　　　　　　　　　表 6-7

对比情况	对比内容	对比结果	结论
工况 1 与工况 3	引燃方式:电加热/丙烷燃烧器	电加热出现明火时的温度尚不足以启动感温探测装置,手动启动高压细水雾灭火装置约 50s,空间温度降低至环境温度; 丙烷燃烧器能够迅速将空间温度提升,引燃电缆 2min 后,手动启动高压细水雾灭火装置约 145s,空间整体温度下降至 100℃以下	电加热模拟电缆燃烧更接近实际情况,但温度变化范围较小,不足以进一步探究高压细水雾的灭火有效性
工况 3 与工况 4	喷头形式:垂直/侧喷	引燃电缆 2min 后,喷头垂直喷放状态下,手动启动高压细水雾灭火装置约 145s,空间整体温度下降至 100℃以下; 引燃电缆 2min 后,喷头侧喷放状态下,手动启动高压细水雾灭火装置约 105s,空间整体温度下降至 100℃以下	从灭火时间上看,针对着火侧的侧喷法对灭火更加有利
工况 3 与工况 6	风速条件:无风速/有风速	引燃电缆 2min 后,无外界风速条件下,手动启动高压细水雾灭火装置约 145s,空间整体温度下降至 100℃以下; 引燃电缆 2min 后在管廊内部 2m/s 通风风速条件下,手动启动高压细水雾灭火装置约 60s,空间整体温度下降至环境温度水平	从灭火时间上看,2m/s 的通风风速对灭火更有利。尽管 2m/s 的通风风速增加了管廊内部的含氧量,但它同时也降低了火源区的温度。虽然火源侧远端温度较无通风时温度升高,但仍远小于阻燃电缆允许工作的最高温度,不足以引燃电缆
工况 3 与工况 7	电缆条件:6 根/12 根	引燃电缆 2min 后,每层桥架 6 根电缆条件下,手动启动高压细水雾灭火装置约 145s,空间整体温度下降至 100℃以下; 引燃电缆 2min 后,每层桥架 12 根电缆条件下,手动启动高压细水雾灭火装置约 170s,空间整体温度下降至 100℃以下	从灭火时间上看,工况 7 电缆加密后,灭火时间也将随之增加,即细水雾的灭火效率受电缆疏密程度影响
工况 5 与工况 7	喷头流量系数:$K=1.0/K=0.7$	引燃电缆 2min 后,喷头流量系数 $K=1.0$ 条件下,手动启动高压细水雾灭火装置约 105s,空间整体温度下降至 100℃以下; 引燃电缆 2min 后,喷头流量系数 $K=0.7$ 条件下,手动启动高压细水雾灭火装置约 170s,空间整体温度下降至 100℃以下	从灭火时间上看,喷头流量系数增大后(系统水流量增加后),灭火时间明显缩短,即细水雾的灭火效率受喷头流量系数的影响

将以上 7 组工况灭火时间统计成表格,如表 6-8 所示。

7 组工况灭火时间记录　　　　　　　　　　　　　　　表 6-8

工况编号	降至 100℃(s)	降至 50℃(s)
1	—	—
2	—	—
3	145	180
4	105	130
5	105	145
6	60	75
7	170	250

将试验空间不同工况烟气中 CO 浓度测试结果汇总于表 6-9，以分析灭火后烟气浓度情况。

试验空间不同工况烟气中 CO 浓度测试结果

表 6-9

时间/s	状态记录	工况 1	工况 2	工况 3	工况 4	工况 5	工况 6	工况 7
0	点火开始	0	3	0	0	0	0	0
30		5	3	2	0	0	0	0
60	—	33	5	13	0	0	0	0
90		33	13	37	0	0	0	0
120	喷雾开启	37	29	41	31	0	0	0
180		53	97	26	86	241	68	303
240		50	77	21	79	370	96	309
300		48	50	16	73	358	95	276
360		34	43	11	68	335	92	250
420		16	5	9	55	310	87	231
480		7	—	6	44	285	72	188
540	—	4	—	3	30	269	72	172
600		2	—	2	19	212	71	148
720		—	—	—	6	195	69	19
840		—	—	—	1	177	65	—
960		—	—	—	—	163	54	—
1080		—	—	—	—	151	23	—
1200		—	—	—	—	138	4	—

从上表可以看出，不同工况下，CO 最大浓度出现在细水雾喷放后。不同工况下，CO 最大浓度出现的时间无明显差异，是点火后的 120～240s，细水雾灭火系统开启后的 60～120s。

当工况 2 不启动灭火系统时，测试点 CO 浓度最大可达 97ppm。与工况 3 相比，开启细水雾灭火系统有利于烟气中 CO 的减少。

对比工况 1 和工况 3 可知，不同引燃方式下 CO 最大浓度出现的时间无明显差异。

对比工况 3 和工况 4 可知，改变喷头方向时，直喷有利于环境中 CO 的集聚。

对比工况 3 和工况 5 可知，电缆加密时，CO 浓度显著增加。电缆增大一倍，CO 最大浓度增大两倍。

对比工况 5 和工况 7 可知，增大喷头流量系数时，对 CO 最大浓度无显著影响。

从温度场分析可知，侧喷喷头对火灾后降温更为有利，灭火前一定的环境风速对降温更有利，电缆密度大不利于灭火系统的快速降温，喷头流量系统为 1.0 时，与 0.7 相比，更有利于火灾后温度下降。

从烟气中 CO 浓度分析可知，侧喷喷头对 CO 的扩散降低有利，灭火前一定的环境风速不利于灾后 CO 的扩散降低，电缆密度大显著增加了试验空间中的 CO 最大浓度，增加喷头流量系数后对 CO 最大浓度无明显影响。

6.2　排烟系统的设置及应用

电缆隧道内容纳电缆众多，在日常工作状态下电缆会产生一定的热量，如果散热条件不佳，热量逐渐积累，隧道内气温升高导致电缆绝缘层老化速度加快，当绝缘层发生失效后则可能会引发电缆的工作异常，进而导致火灾的发生。

电缆隧道内常用的通风方式包括自然通风和机械通风两种，通风方式的选择是根据通风量及通风区域的长短等因素确定。电缆隧道通风系统应同时满足排热、巡视、换气及事故后排烟的要求，其中排热工况时通风量需要能够排出综合余热维持隧道内温度不超过 40℃，并且要求进、排风之间的温度差不超过 10℃，其余工况一般按规定的换气次数来计算风量。风机需要同时满足以上四种工况风量和风压要求，且还需满足隧道内风速小于 5m/s，防火门处的风速不宜大于 7m/s。当火灾报警控制器收到两个独立的火灾信号后，应能联动关闭通风排烟系统，当火灾完全扑灭后可由工作人员手动开启事故排烟。

通过电缆隧道温度特性分析可以发现，由于酒精池火的燃烧速率变化，风速较小时火区下游温度会随风速增大有小幅度的上升，当风速大于 1m/s 时，温度随风速增大而降低。但是随着风速的增大，温度场向下游的扩散范围和扩散速度也随之上升，加速高温的烟气向隧道下游蔓延。

电缆隧道中，最主要的可燃物是电缆，其沿水平铺设方向的蔓延速度较快。根据研究者在斯坦纳水平隧道炉中进行的电缆燃烧性能试验中发现，电缆的延燃速率在风速1.2m/s 时会达到最大。所以在一定风速范围内，典型电缆隧道中电缆的燃烧速率也会随风速的增大而增大。虽然当风速增大时，对流换热作用增强，会带走一定的热量，但同时电缆的延燃速率也会增加，且由于火焰蔓延，温度场的扩散速度也比固定火源更快，火焰的传播速度增加，从而导致火灾迅速蔓延，甚至跨越防火分区。规范要求，当发生火灾时，火灾报警控制器需要收到两个独立的联动触发信号后，才会发出联动控制信号关闭通风排烟系统，而在此时，火灾规模和范围已在风速的影响下大大增加，电缆隧道顶部达到火灾探测器动作温度的位置，距起火点也更远。

因此，纵向通风并不利于火灾控制。电缆隧道中通风系统最常出现的工况是排热换气，用于排出电缆正常情况下产生的热量，将隧道内温度控制在 40℃ 以下。虽然日常排热也是防止热量积累导致火灾的一个必不可少的手段，但由于火灾发展初期，自动报警系统联动关闭通风系统前，风速会加速火灾的蔓延和发展，所以从控制火灾蔓延和温度场扩散的角度考虑，风速在满足排热要求的基础上不应设置过大。并且在火灾确认后，应立刻关闭通风系统，防止火灾继续扩大蔓延，也能在一定程度上形成封闭空间达到窒息灭火的作用。火灾事故后，如果在未确认隧道火灾完全扑灭的情况下开启风机，由于隧道内聚积大量可燃气体，风机开启会使隧道内缺氧状态得到改善，从而可能发生复燃甚至轰燃。所以事故排烟需要确认火灾被完全扑灭且无复燃可能的情况下，由工作人员手动开启风机。

由于电缆隧道在我国的发展起步较晚，因此对电缆隧道通风策略的研究相对比较匮乏。国内学者针对电缆隧道通风量进行了较多研究，对于规范规定的通风分区、通风换气次数等研究较少。

梁雷欣、王娜、杨霁虹等人进行了简单讨论，依据现行国家标准《城市综合管廊工程技术规范》GB 50838中的相关条款对通风量、通风次数和通风分区进行了确定。蔡昊则通过热平衡的角度对通风量进行确定，将热平衡公式与日本《共同沟设计指针》中提供的电缆隧道通风量公式进行比较分析，得出差别并不大的结论。林桦通过结合工程实例，将出发点放在阻力计算上，对电缆隧道通风风机的选型进行了详细地分析与计算。周游采用了数值模拟的方法对电力舱通风策略进行了研究，得到了电力舱要进行合理通风分区的结论，并对电缆布置方法进行了优化。唐志华结合工程实例，探讨了电缆隧道的通风系统功能、设计原则以及运行策略，并考虑了综合管廊与电缆隧道的异同，考虑了侧壁和顶板与土壤的传热过程，修正了需要排除的余热量的计算公式。于浩通过工程实例，分析介绍了电缆隧道的几种通风方式，同时对电缆隧道运行中的一些问题提出了建议。窦荣舟等分析了几种通风方式的特点，并通过实际工程计算了200m防火分区的通风量。

由于电缆隧道在国内的发展时间较长，研究比较成熟，并且其与综合管廊具有一定的相似性，因此许多学者对电缆隧道的通风策略进行了研究，具有一定的参考价值。

赵辉、吴炜、李湛初认为防火分区和通风分区合理地划分应综合多方面因素来确定，而不是一成不变，并结合实例介绍了防火分区和通风分区的划分与计算。彭金龙分析了城市电缆隧道的特定情况，推出了针对城市电缆隧道的电缆发热量。董志周以世博电力隧道工程实例为背景，考虑了多重因素，分析了其通风策略。黄强以工程实例为背景，通过分析双舱电力隧道通风系统的设计，提出了风井间距过大和电缆选型截面稍小的问题。李林林通过对工程实例的通风系统设计的分析，对长距离电力隧道通风系统提出了建议：建议700m考虑设置通风工作井1座；建议提高巡视工况的设计温度以降低巡视通风量。焦阳通过有限元计算的方式将电缆沟不规则敷设和规则敷设进行比较，得出电缆敷设越密集，电缆载流量越低的结论。邓彬通过将两台离心式引风机分别安装在隧道的两端的方式，采用负压运行，提高了通风能力。同时，针对可能引发电缆隧道火灾的因素，对电缆隧道进行相应改造，提高电缆的安全性。

国外对电缆隧道通风策略的研究主要体现在管廊内空气品质和空气温度这两方面。

Julian Canto-Perello和Jorge Curiel-Esparza从人体工程学的角度出发，对电缆隧道的断面设计、管线布置和空气品质等方面提出了若干建议，并对电缆隧道的管理中存在的潜在的风险进行了评估，综合评价了电力和燃气等各种管道管线、操作空间、日常管理等方面存在的潜在风险，为今后电缆隧道的设计和管理提供了建议。在电缆隧道通风系统的设计上，两位学者列举了可燃性气体浓度超过其最低下限、氧气含量过低和管线维护操作造成的颗粒物扩散等导致电缆隧道内空气环境恶化的原因，并从火灾工况、空气品质和石棉纤维的危害三方面讨论了电缆隧道设计和管理上应注意的细节，为地下电缆隧道的安全运行、维护提供了指导。Ji-OhYoo、Jin-SuKim等通过CFD模拟了电缆隧道中空气温度和壁面对流换热系数随壁面温度、电缆发热量及断面风速的变化情况，讨论了若干工况下通风区间的极限长度，为电缆隧道通风系统的设计提供了指导。Seong、NamChul等实测了某电缆隧道冬季的温度、湿度、表面温度和空气流速，并据此建立了电缆隧道数据库用以确定其内部的结露情况。通过对比通风和非通风工况的测量数据，得出了因结露条件远未达到，所以内部设施腐蚀、电力设施漏电等因素并不会造成太大灾害的结论。Toshimichi Matsui、Hiroshi Suzuki等以GILs等电缆隧道为研究对象，通过实测数据分析了外部因素对电缆隧道内温度的影响，研究数据表明，隧道内温度除受电缆发热量的影响外，埋深较浅的明挖型隧道很大程度上受到外界环境温度的影响，而埋深较深的盾构型隧道则受其影响很小。同时，电缆负载电流的变化以天或周为周期，而隧道内温度的变化则以年为周期且并不显著受到前者周期变化的影响。

6.2.1　规范规定的管廊通风量

根据现行国家标准《城市综合管廊工程技术规范》GB 50838，电缆隧道的通风应满足以下要求：

（1）电力舱宜采用自然进风、机械排风相结合的通风方式。

（2）电力舱的通风量应根据通风区间、截面尺寸并经计算确定，且正常通风换气次数不应小于 2 次/h，事故通风换气次数不应小于 6 次/h。

（3）当电缆隧道内空气温度高于 40℃或需进行线路检修时，应开启排风机，并应满足电缆隧道内环境控制的要求。

（4）通风口处风速不宜超过 5m/s。

6.2.2　通风量确定

（1）200m 长 JC 管廊通风量确定

1）由热平衡关系，将式(6-5)、式(6-6) 和式(6-7)

$$4.45 = \mu^{0.27}(46.3 - t_{out}) \tag{6-5}$$

$$h_w = 6.47 \times \mu^{0.27} \tag{6-6}$$

$$\phi - \phi_{辐} = h_w A_w \left(\frac{t_{in} + t_{out}}{2} - t'_w \right) + MC_p(t_{out} - t_{in}) \tag{6-7}$$

联立得：

$$159420.8 \times \mu^{0.27} + 148345.2 \times \mu - 39749.37 \times \mu^{0.73} = 72751 \tag{6-8}$$

解得风速 $\mu = 0.05$m/s，为 0.9 次换气次数。

2）则电缆满负荷运行下，该电力舱所需通风量：

$$Q = \mu \times A = 0.05 \times 2.6 \times 3 = 0.39\text{m}^3/\text{s} = 1404\text{m}^3/\text{h}$$

（2）政通东路三标段管廊通风量确定

1）由热平衡关系，将式(6-9)、式(6-10)和式(6-11)

$$5.14 = \mu^{0.27}(46.3 - t_{out}) \tag{6-9}$$

$$h_w = 5.26 \times \mu^{0.27} \tag{6-10}$$

$$\phi - \phi_{辐} = h_w A_w \left(\frac{t_{in} + t_{out}}{2} - t'_w \right) + MC_p(t_{out} - t_{in}) \tag{6-11}$$

联立得：

$$14392.8 \times \mu^{0.27} + 175922.24 \times \mu - 54472.31 \times \mu^{0.73} = 180337.49 \tag{6-12}$$

解得风速 $\mu = 0.53$m/s，为 9.54 次换气次数。

2）则电缆满负荷运行下，该电力舱所需通风量：

$$Q = \mu \times A = 0.53 \times 2.8 \times 3.4 = 5.0456\text{m}^3/\text{s} = 18164.16\text{m}^3/\text{h} \tag{6-13}$$

第7章 电缆隧道火灾应急预案的制定

7.1 火灾应急预案的编制流程与要点

7.1.1 电缆隧道应急逃生系统

（1）逃生口、出入口设置

逃生口：电缆隧道每隔一定距离设置的便于人员逃生时可直通地面的孔口。

人员出入口：电缆隧道设置的便于管理维护人员进出的通道。

吊装口：用于将各种入廊管线和设备吊入电缆隧道内而在电缆隧道上开设的洞口。

（2）逃生口形式

当维修等相关人员在管廊内遇到火灾等危险时，需进行紧急逃生，由于管廊内人员较少，且逃生人员多为成年男性，因此其逃生口的设置不同于一般建筑的疏散楼梯，其形式主要有以下几种：

1）顶部逃生口形式（图7-1）

在舱室顶部开口为现在电缆隧道的主要逃生口形式，通过在电缆隧道各个舱室顶部开设能够满足人员通过的开口，人员使用钢爬梯逃生至逃生口，进而疏散至其他区域。逃生口上部应设置防火盖板，防止不同舱室之间相互连通，防火盖板应设置内部易于开启的装置。

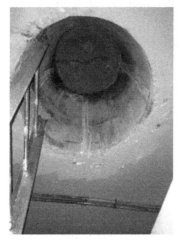

图7-1 顶部逃生口

舱室顶部逃生口优点在于设置简单方便，造价低，且可以与人员出入口、吊装口、通风口等合建，占用空间较小。缺点是烟气流动方向与人员逃生方向相同，人员通过顶部逃生速度慢，时间长，延长人员逃生时间。

2）逃生楼梯形式逃生口（图 7-2）

逃生楼梯形式逃生口为在舱室向下开设逃生楼梯或在侧面开设逃生楼梯，人员通过疏散楼梯逃生至其他区域。逃生楼梯逃生口优点是烟气与人员逃生方向不同，受烟气影响较小，同时人员通过逃生口速度快，逃生时间短。缺点是需要单独建设楼梯间等，造价高，且占用空间较大。

图 7-2　逃生楼梯形式逃生口

3）紧急逃生通道（图 7-3）

对于盾构形式的管廊，其设置顶部逃生口或逃生楼梯逃生口比明挖形式困难，因此其一般可采用设置紧急逃生通道形式进行逃生。

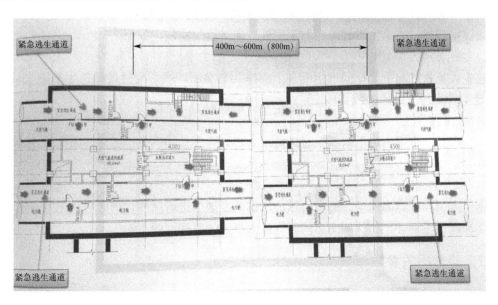

图 7-3　紧急逃生通道（沈阳南运河段管廊）

逃生通道内设置出地面逃生口，供紧急情况下人员的逃生，也作为平时人员的出入口。为保证逃生通道内的安全，一般进行机械加压送风，保证发生火灾时，烟气不进入逃生通道内。

4）借用相邻水舱逃生

由于综合管廊内的水舱火灾危险性较小，因此电力舱可以通过借用水舱进行逃生，通过水舱逃生至室外区域，建议向水舱逃生的疏散门设置在前室。

（3）人员出入口形式

人员出入口形式主要为钢爬梯或者是逃生楼梯形式。由于人员出入口经常使用，因此工程案例中更多使用的是逃生楼梯形式。图7-4为包头市电缆隧道人员出入口设置形式，每隔1~2km设置一处，出入口高出地面至少30cm，防止地面积水倒灌。

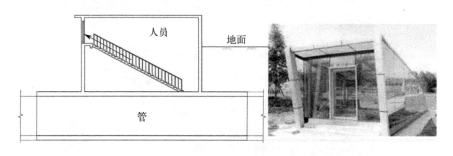

图7-4　包头市电缆隧道人员出入口设置形式

（4）逃生路线

结合现有工程案例和不同的逃生口、人员出口的设置形式、设置间距、逃生路径，疏散人员在火灾发生时逃生路线主要有以下几种：

1）逃生路线一

疏散人员通过顶部逃生口（或先疏散至另外一个防火分隔），疏散至电缆隧道夹层，然后通过钢爬梯（或逃生楼梯）疏散至室外。人员逃生路线图如图7-5所示。

2）逃生路线二

逃生人员通过向下楼梯间逃生至多个楼梯共享空间，然后通过楼梯逃生至安全区域。CBD地下管廊地下逃生路线如图7-6所示。

3）逃生路线三

逃生人员在管廊内疏散，逃生至人员出入口，通过楼梯逃生至室外，如奥南环隧管廊人员逃生路线（图7-7）。

4）逃生路线四

逃生人员在管廊内逃生，通过机械加压的逃生通道进行疏散，进而通过逃生通道内的疏散楼梯疏散至室外，如沈阳南运河段管廊人员逃生路线（图7-8）。

7.1.2　疏散相关参数

（1）人员行走速度

管廊内无论维修人员、施工人员都按成年男性考虑。人员行走速度主要涉及人员在管

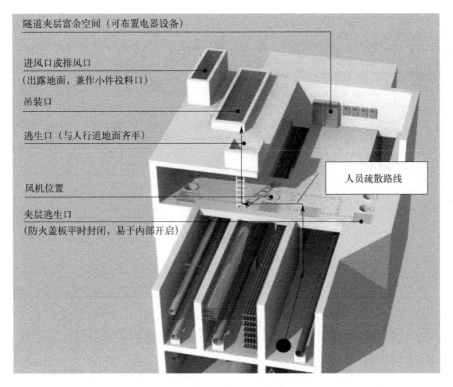

图 7-5　逃生路线—人员逃生路线图

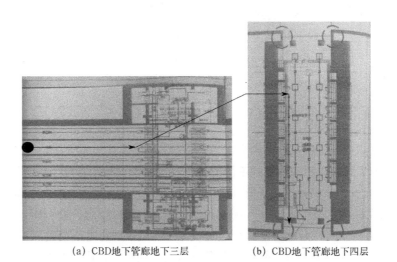

(a) CBD地下管廊地下三层　　　　(b) CBD地下管廊地下四层

图 7-6　CBD 地下管廊地下逃生路线

廊内行走速度和楼梯间内行走速度。

1）管廊内行走速度

根据现行国家标准《消防安全工程第 9 部分：人员疏散评估指南》GB/T 31593.9 中 H.3 条：观测资料和试验都显示人群的疏散速度是人员密度的函数，水平疏散和垂直疏散会有所不同。对于人员密度 <0.54 人/m² 的疏散通道，人们各自按照自己的速度疏散，

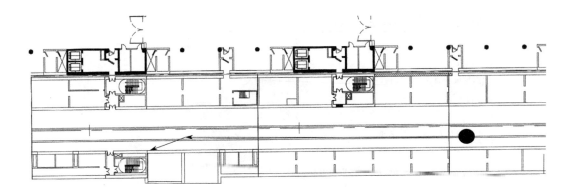

图 7-7　奥南环遂管廊人员逃生路线图

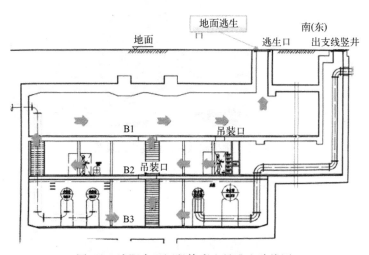

图 7-8　沈阳南运河段管廊人员逃生路线图

不会受到其他人速度的影响。

典型的未受阻碍的行进速度大约为 1.2m/s。Ando 以及其他人研究发现，火车站旅客未受阻碍的行进速度随着年龄和性别的不同而不同。男性和女性的速度/年龄分布是单峰且不对称的，都是在大约 20 岁时出现峰值（男性大约为 1.6m/s，女性大约为 1.3m/s）。

在现行国家标准《地铁安全疏散规范》GB/T 33668 中 5.9 条表 1 中，中青年男士水平行走速度为 1.25m/s。人员在平面行走速度取 1.2m/s。电缆隧道内人员密度较小，行走速度基本不受人员密度影响，但由于电缆隧道内空间狭小，因此其行走速度受影响，因此考虑折减系数。折减系数取 0.8，则在电缆隧道内，人员行走速度为 0.96m/s。

2）楼梯间内行走速度

根据 Fruin 建议，在空间有限的情况下，楼梯间的人员密度应设计为 1.1~2.7 人/m² 以确保安全。基于图 7-9 SFPE Handbook 中的逃生行走速度与人员密度关系图，取得平均楼梯间行走速度。

设在看台走道、坡道、楼梯中的行走速度为平面步行速度的 0.6 倍。

根据现行国家标准《消防安全工程第 9 部分：人员疏散评估指南》GB/T 31593.9 中

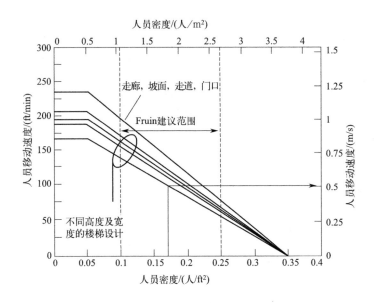

图 7-9　逃生行走速度与人员密度关系图

H.4 条、Ando 以及其他人研究提出楼梯中无阻碍的向下速度大约为 0.8m/s，向上大约为 0.7m/s。

根据现行国家标准《地铁安全疏散规范》GB/T 33668 中 5.9 条表 1 中中青年男士楼梯下行速度为 0.9 m/s，上行的速度为 0.67m/s。

管廊内人员疏散较少，人员在楼梯内属于无阻碍状态，因此电缆隧道内楼梯间内人员下行速度为 0.9 m/s，上行的速度为 0.67m/s。

（2）逃生口的流通率

管廊疏散内的节点出现在逃生口的流通率，顶部逃生口、逃生楼梯逃生口的流通率各不相同。电缆隧道内各种逃生口流通率如下：

1）顶部逃生口流通率：10s/人。

2）逃生楼梯形式逃生口流通率：根据经验值，选取 45.9 人/(min · m)。

7.1.3　疏散模拟

（1）疏散模拟工况

疏散模拟以电力电缆舱为模型进行模拟，考虑主要影响参数，具体工况如表 7-1 所示，疏散模型如图 7-10 所示：

疏散模拟工况（施工状态，无防火分隔）　　　　　　　　表 7-1

工况	人员管廊内行走距离(m)	逃生口形式	备注
1	200	爬梯洞口	使用本防火分区逃生口
2	400	爬梯洞口	
3	200	疏散门	通过疏散门疏散至相邻区域、逃生通道、疏散楼梯等
4	400	疏散门	

图 7-10　疏散模型（200m，下部第二条、第三条表示逃生口为爬梯管廊，下部第一条表示疏散门管廊）

（2）疏散模拟结果

1）疏散工况 1 和工况 3

疏散工况 1 和工况 3 的管廊长度为 200m，其中采用疏散门疏散时间为 3min 34s（214s），采用爬梯洞口疏散时间为 3min 56s（236s）。工况 1 和工况 3 不同时刻人员疏散状态图如图 7-11 所示。

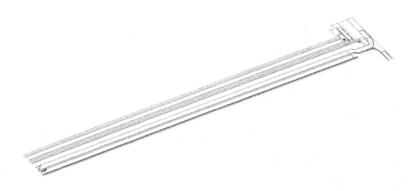

(a) 0s（人员状态分布图）

(b) 60s

图 7-11　工况 1 和工况 3 不同时刻人员疏散状态图（一）

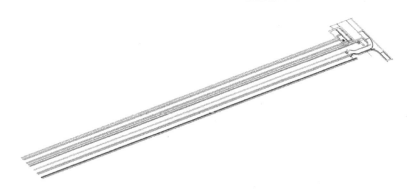

（c）214s（采用疏散门疏散完毕）

（d）236s（采用爬梯洞口疏散完毕）

图 7-11　工况 1 和工况 3 不同时刻人员疏散状态图（二）

2）疏散工况 2 和工况 4

疏散工况 2 和工况 4 的管廊长度为 400m，其中采用疏散门疏散时间为 7min 0s（420s），采用钢爬梯疏散时间为 7min 25s（445s）。工况 2 和工况 4 不同时刻人员疏散状态图如图 7-12 所示。

通过疏散模拟结果可知，人员疏散时间是管廊内行走的时间和逃生口的逃出时间之和，管廊的防火分隔越长，所需逃生时间越长。爬梯洞口形式的疏散逃生时间长于疏散门形式逃生时间。

（a）0s（人员状态分布图）

图 7-12　工况 2 和工况 4 不同时刻人员疏散状态图（一）

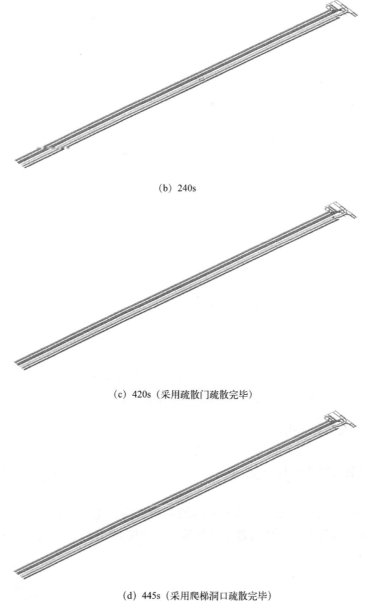

（b）240s

（c）420s（采用疏散门疏散完毕）

（d）445s（采用爬梯洞口疏散完毕）

图 7-12　工况 2 和工况 4 不同时刻人员疏散状态图（二）

7.2　人员疏散与救援方案的制定与实施

7.2.1　规范相关要求

现行规范对应急逃生设施做了相应的要求，主要参考现行规范、报批稿及导则等，其中要求逃生口、出入口应与吊装口、进风口结合设置，具体要求如表 7-2 所示：

不同规范的逃生设计要求　　　　　　　　　　　　　表 7-2

规范	防火分隔疏散门	逃生口		出入口数量	疏散指示位置	应急照明	
		间距	尺寸			亮度	应急供电时间
《城市综合管廊工程技术规范》GB 50838	天然气及电力电缆舱室200m 分隔处采用甲级防火门	电力电缆:200m;天然气:200m;热力管道:400m(蒸汽介质100m);其他:400m	不小于1m,圆形,内径不小于1m	出入口不小于 2 个	出入口和各防火分隔上方设置安全出口标识灯	疏散应急照度不应低于 5lx	60min
《城市综合管廊工程设计规范》DB11/1505	—	电力电缆:200;天然气:200m;热力管道:400m(蒸汽介质100m);其他:400m	不小于1m,圆形,内径不小于1m	不宜大于 2km	出入口和各防火分隔上方设置安全出口标识灯	疏散应急照度不应低于 5lx	60min
《成都市地下综合管廊设计导则》	—	除燃气舱室外,其他舱室逃生口宜通过夹层转换;舱室逃生口应设置防火盖板,且易于内部开启 规定吊装口之间间距不宜大于 400m	—	不宜超过 3km 每个舱室都应设置人员出入口,不小于 70cm,与管廊之间采用甲级防火门	在人员出入口、逃生口、节点标识	无疏散通道要求(其他水泵房等不低于正常照度)	180min

7.2.2　电缆隧道应急疏散指南

管廊内一旦发生火灾,应尽可能地把火灾限制在最小范围内,并迅速加以扑灭,为此,在火灾初期做到预防与控制尤为重要,在监控与报警系统的设计中,加强监测、确认、报警、灭火等环节的设计。当廊道火灾被确认后,一方面组织管理人员进行安全疏散,并在确保自身安全的情况下进行灭火;另一方面应立即向拨打 119 请求消防员组织灭火。

(1) 设置原则

1) 电缆隧道疏散逃生系统,包括各类疏散指示标志牌、逃生门、出入口,应设应急照明灯监控系统。

2) 每个防火分隔设置应急照明指示灯,火灾时由监控系统控制应急照明指示灯开启。逃生方向一般由防火分隔两侧的防火门指示,防火门应具有两侧开启的功能。

3) 事故紧急人员出入口应结合通风井设置,在井内设有爬梯,紧急情况下人员可由此到达地面,并且相邻各舱通过附属构筑物夹层内设置的人孔联通,事故情况下也可通过这些人工孔洞进入相邻区域逃生疏散,具体疏散逃生方案,根据相关运行程序执行。

(2) 设置内容

单位应根据人员集中情况、火灾危险性和重点部位的实际情况,制定有针对性的灭火和应急疏散预案。预案应包括下列内容：

1）明确火灾现场通信联络、灭火、疏散、救护、保卫等任务的负责人；规模较大的人员密集场所应由专门机构负责，组建各职能小组，并明确负责人、组成人员及其职责。

2）火警处置程序。

3）应急疏散的组织程序和措施。

4）扑救初起火灾的程序和措施。

5）通信联络、安全防护和人员救护的组织与调度程序和保障措施。

（3）疏散逃生系统设置原则

1）能保证安全准确迅速地引导人员进行疏散。

2）电缆隧道的应急照明及疏散指示的设置区域按照电缆隧道的特点分为水平疏散分区和垂直疏散分区。

3）每个防火分隔或通风分区设置不少于两处风口，其中一处应较快地直接到达地面，间距不应大约 200m，相邻防火分区或通风分区的逃生口可作为备用逃生口。

廊道工程防火设计应有完善的火灾防灾系统，并通过监控系统将各子系统构建成一个完整有机的整体，以实现廊道总体的防灾、减灾和救灾功能，火灾的防灾设计应该贯彻"预防为主，防消结合"的方针，火灾时充分考虑人员疏散可靠性、救援的安全有效性。

（4）疏散方法

疏散策略包括同时疏散策略和分阶段疏散策略，不同的疏散策略对疏散时间的影响很大。对于多数建筑物，火灾时所有人员可以同时疏散。对于疏散能力有限的建筑，可采用水平或垂直分阶段疏散策略，即人员逐步从建筑物内受到火灾威胁的区域进行疏散。

1）对于被火围困的人员，应通过广播，内线电话等通信工具，告知其自救办法，引导他们自救脱险。

2）疏散通道被烟雾所阻时，应用湿毛巾或口罩捂住口鼻，身体尽量贴近地面，匍匐前进，向消防楼梯转移，离开火场；对火灾中造成的受伤人员，抢救人员应采用担架、轮椅等形式，及时将伤员撤离出危险区域。

3）疏散与保护物资：在一般情况下，应先疏散和保护贵重的、有爆炸和有毒害危险的以及处于下风方向的物资。疏散出来的物资不得堵塞通路，应放置在免受烟、火、水等威胁的安全地点，并派人保护，防止丢失和损坏。

4）防排烟：消控中心启动送风排烟设备，使疏散楼梯间、通道走廊保持正压送风排烟、关闭防火卷帘门；现场人员开启疏散楼梯的自然通风窗、关闭防火门。

（5）性能化设计

计算 RSET 需要进行疏散场景设计。人员疏散的预动作时间和运动时间与人员的行为密切相关，探测时间与报警时间也受人员行为因素的影响。进行疏散场景设计时需要考虑以下因素：建筑特征，重点包括建筑类型、探测方式、报警方式、消防安全管理系统、建筑布局等；人员特征，重点包括人员数量、体能、状态以及人员对建筑及其系统的熟悉程度等；火灾的动力学特性。

7.3 火灾扑救与后期处理的组织与协调

7.3.1 电缆隧道灭火行动指南

（1）范围

本指南适用于电缆隧道火灾扑救行动。

（2）总则

1）电缆隧道火灾扑救行动应坚持"救人第一，科学扑救"的指导思想。

2）电缆隧道火灾扑救行动应遵循"精准探测，科学决策；远控为主，冷却保护；注重保护，防止复燃"的原则。

3）电缆隧道火灾扑救应视情成立火场指挥部，由当地政府统一领导，国家综合性消防救援队伍具体指挥和组织，协同单位按照应急预案分级响应，协同作战，单位技术人员和专家提供技术支持。

4）电缆隧道火灾扑救行动应加强泡沫供给、空呼充气、防护服、仪器侦查、照明、供电和通信等作战环节的战勤保障工作。

5）消防救援队应针对辖区内电缆隧道制定相应级别的灭火预案，跨辖区电缆隧道灭火作战预案应由上一级消防救援队伍指挥机关制定联合作战预案，并进行熟悉和演练。

6）消防救援队应熟悉辖区内电缆隧道分布走向、内部结构和设施组成；消防员应掌握固定消防设施的操作方法。

（3）扑救行动

1）接警出动

① 消防指挥中心应按火警受理程序和方法，及时准确受理电缆隧道火灾报警。

② 应根据报警信息做出初步判断，结合电缆隧道灭火作战预案实施力量调集，加强大功率水罐消防车、中倍数泡沫消防车、高倍数泡沫发生装置和充气消防车的调集。

③ 根据火情变化，实时调度增援力量。

④ 适时调集公安、市政、供水、供电、供气、医疗救护等力量到场。

⑤ 消防指挥中心应与报警人保持联系，及时与电缆隧道主管单位建立联系，了解火灾情况；与出动力量保持联系，传达指挥员命令和相关信息。

2）战斗准备

① 根据电缆隧道起火位置及内部结构，在距离起火部位最近入口附近集结。

② 指挥员应在组织火情侦查的同时，命令参战人员占领水源，将主要作战器材装备摆放在消防车前，做好战斗展开准备。

③ 区域较大的火场应划分为若干战斗区域（段），根据战斗区域（段）将灭火救援力量划分为若干作战队（组）。

④ 供气消防车应停留在通风无烟气污染的区域，保障作战人员的气源供应。

3）火情侦察

① 首批力量到场后，应成立侦查组，查阅图纸。查阅电缆隧道的平面图、剖面图、消防水源图和有关的数据资料，了解电缆隧道的内部布局、出入口、通道及着火区域、火

势蔓延的主要方向，被困人员的数量、位置、可疏散抢救的途径信息。

② 应结合火场实际人员选择侦查方法：

a. 询问知情人，向火灾单位负责人、安保人员、工程技术人员、值班人员、目击者等询问火场详细情况。

b. 通过消防控制室侦查。了解电缆隧道固定消防设施运行情况。通过视频监控系统观察内部的着火部位、火势发展、人员被困等情况。

c. 内部侦查。在确保安全的前提下，侦查人员深入内部，侦查电缆隧道具体着火部位、火势蔓延方向、固定设施的运行情况、人员被困数量和位置、燃烧范围等。

d. 仪器侦查。利用红外热像仪、测温仪、有毒气体探测仪等仪器，确定起火点及被困人员位置、着火区域内的温度及烟气成分等。

③ 应将现场情况及时报告给消防指挥中心、火场总指挥部或上级指挥员。根据火场情况，按照规定提升火灾等级。

④ 着火区域设置固定火场参数测定仪器，实时监测火场内部温度、可燃气体浓度、氧气浓度和有毒性气体浓度。

4）火场警戒

① 火场总指挥或指挥员应统一组织，由消防、公安民警、武警等做好火场警戒。

② 根据火场周边环境等情况，合理确定警戒范围，划分不同的警戒区域并设置警戒标识和岗哨。

③ 警戒人员应维护火场秩序，疏导围观群众，控制电缆隧道区域主要入口，防止无关人员进入火场。

④ 警戒人员应及时进行外部疏导，禁止无关人员及车辆进入火场；根据火场总指挥部或指挥员的命令对火场周围道路实施交通管制。

⑤ 警戒人员应佩戴好标识，做好安全、警戒记录。

5）疏散救人

① 除确定内部无人员的情况外，救援力量应成立疏散救人组，进入管廊内部对被困人员进行疏散和救助。

② 疏散救人前，应详细询问内部工作人员的数量，工作区域位置、姓名及体貌特征，有条件要求提供人员照片。

③ 疏散救人组应利用便携式扩音设备进行语音疏导，通报火情信息，稳定被困人员的情绪，引导被困人员疏散。

④ 疏散救人组应携带移动照明器具进入管廊内部，沿疏散通道铺设救生照明线，设置发光导向指示标志；在可能引起迷路的重点部位应派专人值守，指引被困人员沿正确路线撤离。

⑤ 疏散救人组应根据管廊内部火势蔓延情况，逐段仔细搜索被困人员，并采取背、抱、抬等救援方法。由于离开管廊内部要通过阶梯，应准备相应人员抬升辅助标识，迅速使其脱离危险区域，搜救人员应贯彻灭火救援全过程，搜索过的地方应做出标识。

⑥ 可在相对安全、不易受烟火威胁的适当区域设置救援中转平台。

⑦ 应将疏散出的人员引导至地上安全区域，救出的人员应安置于地面通风良好、不

影响作战、便于急救的安全场所。

⑧ 增援力量到场，应根据现场疏散救人任务增加救人组，分区实施救人。

⑨ 侦查组根据任务的完成情况可转换疏散救人组。

6）灭火

① 消防力量到场后，应根据电缆隧道火场情况，科学合理使用作战力量，控制火势蔓延，适时扑灭火灾。

② 应充分利用以下固定消防设施：

a. 启动细水雾等自动灭火设施。

b. 适时启闭着火区域及周边的防火分隔设施。

③ 可选择以下战法灭火：

a. 强攻近战。在火势不大或火灾处于燃料控制型燃烧阶段，可以打开着火防火分隔段（舱室）的防火门进行灭火。在电力供应已切断、消防员做好隔热防毒防护前提下，可采用水枪（炮）或泡沫枪强行实施内攻灭火。

b. 封堵窒息。在火势较大或火灾处于通风控制型燃烧阶段，内攻灭火行动受阻，在确认内部无人的情况下，可酌情采用关闭防火分隔段（舱室）、进风口和排烟口的战术方法，实时窒息灭火。条件允许的情况下，可远距离通过小开口向内部喷水或灌注泡沫，实施降温保护管廊结构。

c. 灌注。在火势较大且防火分隔设施失效、确认内部无人的情况下，可远距离通过小开口向地下灌注高（中）倍数泡沫等方法灭火。

④ 采用强攻近战的方法扑救电缆隧道火灾时，应根据管廊内部的火情、通道风向、建筑结构特点、正确选择以下进攻路线和阵地：

a. 宜在防火分隔段（舱室）两侧设置阵地，阻止火势蔓延。

b. 在采用封堵窒息和灌注灭火方式时，宜从单侧喷水或灌注泡沫进攻，防止形成空气对流，加剧火势。

c. 在火势较大的情况下，采用远距离灭火方式，防止由于管廊内部结构在长时间的高温作用下，发生结构坍塌造成人员伤害。

7）火场供水

① 应根据作战需要、现场水源和供水车辆情况，科学地确定供水编成，合理采用移动供水设备。

② 管廊火灾处于地下、与地面连通的出入口有一定的间隔，要做好远距离供水装备和供水线路的铺设准备。

8）火场排烟

① 根据火场实际情况和排烟设施的具体情况，合理选择排烟方式。

② 在火势不大或火灾处于燃料控制型燃烧阶段，可通过开启排烟设施或移动排烟设施，对火灾区域采取负压方式排烟；对非火灾区域及疏散通道等处，应采取正压送风的方式排烟，服务疏散人群和消防员强攻灭火。

③ 在火势较大或火灾处于通风控制阶段宜停止火场排烟。

9）火场照明

① 火场照明包括地下火场照明和地面夜间照明。

② 地下火场照明应充分利用管廊内部的固定应急照明系统，如管廊内固定应急照明系统失效，采用移动照明。

③ 地下火场照明应发挥移动照明器材装备的作用：

a. 使用移动式照明器具，保持一定间隔成线状布置照明。

b. 可放置自蓄灯或吸附式发光灯照明。

c. 可利用照明灯、抢险救援车，移动发电机组等供电引入照明灯照明。

④ 消防战斗人员深入管廊内部应携带消防红外热像仪。

⑤ 视情形由供电部门在现场架设临时照明设施。

⑥ 地面夜间照明应采用移动照明装备、建筑上的照明设施及市政照明设施等方式实施照明。

10）火场通信

① 火场通信应迅速、准确、不间断。

② 火场无线通信组网方式：

a. 地面火场指挥通信应依靠消防无线专网完成无线通信。

b. 在无线通信盲区，可设立通信基站（中继站），实现语音、图像、数据的传输。

c. 可适时应用网络电台，保障火场通信网络正常工作。

③ 火场有线通信组网方式：

a. 可利用管廊内部设置的有线通信设施实现火场通信。

b. 有线通信设施的管廊，应铺设通信电缆，实现语音、图像、数据传输。

④ 可利用便携式消防应急通信系统构建地下管廊内部与地面之间语音通信。

⑤ 可灵活运用绳索、扬声器、哨子等简易通信器材或运动通信的方式实施命令和信息传递。

11）专家会商

① 电缆隧道管理方技术人员应及时到场，提供管廊内部结构、设施及运行方式以及供水、供电、供气线路的基础信息情况。

② 应及时调集专家组，专家组成人员应包括建筑、结构专家。

③ 到达火场的专家应结合自身的行业、专业特点，提出火灾扑救建议。

12）信息处理

① 根据有关规定，按要求向上级报告现场处置情况。

② 灭火救援现场的信息发布、调整和解除由火场总指挥部决定。特别重要的信息发布、调整和解除经政府相关部门审核批准后，由政府机构专门实施。

③ 信息发布、调整和解除，可通过新闻媒体或组织人员通知方式进行传播。

13）战勤保障

保障内容应包括：

① 灭火救援现场发挥决定性作用的装备、容易损耗的装备和不能长时间作业的装备。

② 大型供水、泡沫灭火装备、照明、通信等设备。

③ 空（氧）气呼吸器备用气瓶、充气设备、发电机、通信设备、充电设备和装备易损坏部件等。

④ 油料、灭火剂等。

14）清理火场

① 火灾扑灭后，通过排烟设施排除有毒气体有害烟气后，需全面细致地清理火场，再次确认没有人员被困和复燃的可能，火场面积较大应分区域清理检查。

② 应留有必要力量实施现场监护。

15）移交

扑灭行动结束后，应与事权单位（人）或物权单位做好移交。

16）撤离归队

① 交接结束后，各参战单位清点人数，收整装备，撤离现场。

② 归队后应向上级报告，并迅速补充油料、器材和灭火剂，恢复执勤战备状态。

（4）行动安全

1）指挥员应组织做好参战人员的作战行动安全工作，坚持行动服从安全，安全贯穿始终。

2）个人安全防护应根据电缆隧道火灾火场高温、火灾烟气毒性大、腐蚀性强的特点，按国家现行标准《消防员个人防护装备配备标准》XF 621、《个体防护装备配备规范》GB 39800 和《呼吸防护用品的选择、使用与维护》GB/T 18664 等选用个人防护设备。

3）作战人员应佩戴好个人安全防护装备，进入高温浓烟区域，应有水枪掩护。

4）警戒时，应有预防快速行驶车辆伤人的措施，夜间应使用发光和反光的警戒标识。

5）应确定电缆隧道内无回燃、爆炸、坍塌等险情存在时，人员方可进入，进入人员数量应尽量少。

6）出入口安全员应检查记录出入人员的数量、气瓶的压力、掌握允许作业时间、并提前通知撤离。

7）侦查组中应有熟悉建筑内部情况的人员，侦查时应铺设发光导向绳，携带安全绳。

8）进入人员佩戴正压式氧气呼吸器有严重不适感时，应立即停止作战返回；使用移动供气源时，应确保供气导管不与尖锐物体接触摩擦，并有专人监测气瓶压力，及时更新气瓶。

9）持水枪内攻人员不应仅持一支水枪单独深入，宜与其他水枪配合，注意顶部突出物和脚下管沟、门槛。

10）对火场内带电线路和设备应视情况采取切断电源以预防触电事故。

11）使用移动式发电机供电照明时，应保证良好接地，并注意通风。

12）火场安全员发现火情骤变、局部坍塌等危险征兆时，应及时发出撤退信号，并利用长鸣警报、连续急闪强光、通信扩音器材、绳语等方式通知管廊内所有人员撤离。

7.3.2　电缆隧道灭火应急救援预案

（1）管廊基本情况

1）建筑单位基本情况（表 7-3）

建筑单位基本情况示例表 表 7-3

<table>
<tr><td rowspan="6">建筑概况</td><td>建筑名称</td><td>城市电缆隧道工程</td><td>施工承包单位</td><td></td><td>建筑单位</td><td></td></tr>
<tr><td>管廊长度</td><td></td><td>断面尺寸</td><td></td><td>舱室高度</td><td></td></tr>
<tr><td>管廊结构</td><td></td><td colspan="2">防水等级</td><td></td><td></td></tr>
<tr><td rowspan="2">建筑净高</td><td>标准断面</td><td></td><td>顶层板厚度</td><td></td><td></td></tr>
<tr><td>附属结构</td><td></td><td>墙体厚度</td><td></td><td></td></tr>
</table>

<table>
<tr><td rowspan="5">建筑功能分区情况</td><td>功能分区</td><td colspan="2">基本情况</td></tr>
<tr><td>燃气舱</td><td rowspan="4">
管廊横断示意</td></tr>
<tr><td>水舱</td></tr>
<tr><td>水信舱</td></tr>
<tr><td>电力舱</td></tr>
</table>

2）电缆隧道主要消防设施（表 7-4）

电缆隧道主要消防设施表 表 7-4

消防设施	设置场所	消防设施分类	系统功能	控制模式/要求
防火分隔	跨越多分隔区域的通风方式	常开防火门	防火、防烟	平时通风时开启,火灾时火灾报警联动控制器联动关闭,火灾事故后打开进行事故排烟
	除上之外的防火分区场所	常闭防火门		平时常闭,火灾时火灾报警联动控制器联动关闭
	舱室之间	防火墙		—
	穿管处	防火封堵		—

消防设施	设置场所	消防设施分类	系统功能	控制模式/要求
火灾自动报警系统	电力舱顶板,综合管廊人员出入口,进、排风井夹层及监控中心内	感烟火灾探测器	报警	—
	电力舱顶板	线型光纤感温火灾探测器	报警	—
	电力电缆表层	缆式线型感温火灾探测器	报警	—
	电力舱	图像型火灾探测器	报警	—
	电缆隧道人员出入口,进、排风井夹层及监控中心内	手报、消防报警电话	报警	—
	每隔1000m设置	区域级火灾报警控制器	报警	—
	消防控制室	报警控制器	报警	—
	消防控制室	消防报警联动控制器	联动控制	联动控制自动灭火系统、防火门监控系统、火灾声光警报器、消防应急照明和疏散指示标志系统。具体可见现行国家标准《城镇综合管廊监控与报警系统工程技术标准》GB/T 51274中7.3.1条
防火门监控系统	消防控制室	防火门监控器	监控	监控设有火灾自动报警系统的防火门
电气火灾监控系统	消防控制室	电气火灾监控设备	监控	接收来自电气火灾监控探测器的监控报警信号,并在10s内发出声、光报警信号,指示报警部位部位;当接收到能指示报警部位的线型感温火灾探测器的火灾报警信号时,应能在10s内发出声、光报警信号(根据现行国家标准《电气火灾监控系统 第1部分:电气火灾监控设备》GB 14287.1中4.3.2条和4.3.7条)
自动灭火系统(窒息灭火)	电力舱	超细干粉灭火系统(全淹没系统)	灭火	干粉灭火装置可采用感温元件或电引发器启动。当采用电引发器时,应设置自动控制和手动控制两种启动方式,且可相互转换。每个独立的保护区域应至少设置一个手动启动按钮(根据现行行业标准《干粉灭火装置技术规程》CECS 322中3.4.1条)
		细水雾灭火系统	灭火	瓶组系统应具有自动、手动和机械应急操作的控制方式,其机械应急操作应能在瓶组间内直接手动启动系统。泵组系统应具有自动、手动控制方式(根据现行国家标准《细水雾灭火系统技术规范》GB 50898中3.6.1条)

消防设施	设置场所	消防设施分类	系统功能	控制模式/要求
自动灭火系统(窒息灭火)	电力舱	水喷雾灭火系统	灭火	系统应具有自动控制、手动控制和应急机械启动三种控制方式;但当响应时间大于120s时,可采用手动控制和应急机械启动两种控制方式(根据现行国家标准《水喷雾灭火系统技术规范》GB 50219 中6.0.1条)
事故后机械排烟系统	电力舱	事故排烟系统,事故排烟时的补风系统	排烟、补风	消防控制室手动启动
应急照明和疏散指示系统	各舱室	应急照明系统	应急照明	火灾报警联动控制器联动启动
	各舱室的管廊出入口和各防火分隔防火门上方	安全出口指示标志灯、疏散指示标志灯	疏散指示	火灾报警联动控制器联动启动
灭火器	各舱室	手提式磷酸铵盐干粉灭火器	初期灭火	无
可燃气体探测报警系统	燃气舱室顶部和管道阀门安装处	天然气探测器	报警	——
	监控中心	可燃气体报警控制器	报警	天然气一级和二级报警浓度设定值不应大于其爆炸下限值(体积分数)的20%和40%,具体联动控制要求见现行国家标准《城镇综合管廊监控与报警系统工程技术标准》GB/T 51274 中 8.3.1 条和8.3.2条
事故通风系统	燃气舱(天然气管道舱)	事故通风及事故通风时的送风系统	通风	当燃气舱内泄漏的天然气浓度达到爆炸下限值(体积分数)的20%时,启动事故段分区及相邻分区的事故通风系统

3) 进攻方法

①出入口路线

根据现场布局划分消防车道、消防救援场地与救援入口,观察管廊主体结构,利用地面设施如人员出入口、雨污水检查井口、逃生口、吊装口,必要时利用进(排)风口作为人员疏散的通道与灭火救援入口,救援时严格注意观察周围环境情况、交通情况与道路情况,避免周边建筑有非常规重载车辆经过,注意观察是否有大规模城建变形,路面是否出现持续裂缝。

②各区疏散出口数和总净宽度

各区疏散出口数和总净宽度应满足国家现行标准《建筑设计防火规范》GB 50016、《人员密集场所消防安全管理》GB/T 40248、《消防应急照明和疏散指示系统技术标准》GB 51309 相关要求。

(2)灾情设定

根据建筑性质、燃烧态势、人员被困危险程度、灾情可控性以及影响范围等因素,将灾情分为三级：Ⅰ级（严重级）、Ⅱ级（较大级）、Ⅲ级（一般级）。

（3）力量部署

依据灾情设定及水枪控制面积，严重级、较大级、一般级灾情分别需 9 条、2 条、1 条灭火线路和不少于 3 条、2 条、1 条设防线路。

根据火场实际情况应调集照明和装备保障车等其他车辆。

根据单位消防水源实际情况，视情增加补水车辆。

（4）组织指挥

1）指挥网络图（图 7-13）

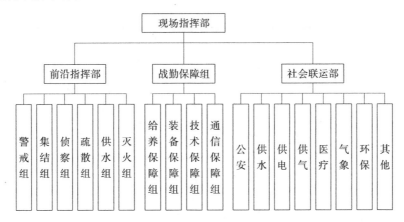

图 7-13　指挥网络图

2）指挥力量构成及任务分工（表 7-5）

指挥力量构成及任务分工表 表 7-5

指挥层次	力量构成												任务分工
	市两级政府领导	应急办领导	公安局领导	防总队总指挥	火救援专家	防总队副总指挥	防总队战训指挥	队指挥	政府领导	区大队指挥	会联动单位负责人	位工程技术人员	
现场指挥部	Ⅰ级	Ⅰ级Ⅱ级	Ⅰ级Ⅱ级	Ⅰ级	Ⅰ级	Ⅰ级	Ⅰ级	Ⅰ级Ⅱ级	Ⅰ级Ⅱ级	Ⅰ级Ⅱ级	Ⅰ级Ⅱ级	Ⅰ级Ⅱ级	实施决策、组织指挥
前沿指挥部				Ⅰ级	Ⅰ级	Ⅰ级Ⅱ级Ⅲ级	Ⅰ级Ⅱ级Ⅲ级	Ⅰ级Ⅱ级Ⅲ级			Ⅰ级Ⅱ级Ⅲ级	Ⅰ级Ⅱ级Ⅲ级	现场指挥部决策意图落实、组织指挥战斗行动、落实安全防范措施、向现场指挥报告情况、实施临机指挥

续表

指挥层次	力量构成											任务分工
	市两级政府领导	应急办领导	公安局领导	防总队总指挥	火救援专家	防总队副总指挥	防总队战训指挥	队指挥	政府领导	区大队指挥	会联动单位负责人	位工程技术人员	
警戒组								Ⅰ级	Ⅰ级Ⅱ级	Ⅰ级Ⅱ级Ⅲ级			划定警戒范围、实施交通管制
集结组								Ⅰ级	Ⅰ级Ⅱ级				划定集结区域、实施有序调派
侦察组								Ⅰ级	Ⅰ级Ⅱ级	Ⅰ级Ⅱ级Ⅲ级			利用多种侦察手段和技术，查明火场情况
疏散组								Ⅰ级	Ⅰ级Ⅱ级	Ⅰ级Ⅱ级Ⅲ级			组织疏散组、攻坚救生组，进行疏散救生
供水组								Ⅰ级	Ⅰ级Ⅱ级	Ⅰ级Ⅱ级Ⅲ级			分配水源位置、确定供水形式、合理编配供水车辆
灭火组								Ⅰ级	Ⅰ级Ⅱ级	Ⅰ级Ⅱ级Ⅲ级			选择进攻通道、设置枪炮阵地、科学运用灭火技战术，有效扑灭火势

续表

指挥层次	力量构成												任务分工
	市两级政府领导	应急办领导	公安局领导	防总队总指挥	火救援专家	防总队副总指挥	防总队战训指挥	队指挥	政府领导	区大队指挥	会联动单位负责人	位工程技术人员	
战勤保障组								I级 II级					确保车辆性能完好、保证给养物资供给以及通信联络
社会联运部											I级 II级		协调各社会联动部门,实施联勤保障

（5）作战行动

首战力量战术布置（表 7-6）

首战力量战术布置表　　　　　　　　　　　　　表 7-6

出动单位	线路编号	车辆编号	任务
消防大队、微型消防站	线路 1	城市主战	停靠在该单位中间道路上,出单干线两支枪;一支枪负责进攻火势、另外一支枪负责阻止火势蔓延
	线路 2	重型泡沫	停靠主战车后侧,出单干线一支枪,再另出一组战斗员,在水枪的掩护下进入仓库搜救
	线路 3	特勤车	出一名安全员负责检查现场指战员个人防护装备;其余人员拉起警戒带负责现场警戒工作
	线路 4	内攻	根据现场指挥部署,集结战斗班,根据指挥实施逃生、救援路线

（6）辅助决策

1）疏散时间计算（表 7-7）

疏散时间计算表　　　　　　　　　　　　　表 7-7

该单位最大日人流量	根据现行国家标准《建筑设计防火规范》GB 50016 和消防监督检查规定有关安全疏散允许时间计算公式: $$t=\frac{d}{bn}$$ 式中:t——安全疏散允许时间; 　　　d——楼层人流量; 　　　b——单股人流通行能力(43 人/min); 　　　n——有多少股人流(出口净宽/0.5)。 每股人流通过所需安全出口净宽为 0.5m

2）灭火应用相关计算

灭火应用相关计算表 表 7-8

计算公式	$$Q=C\times S$$ 式中:Q——灭火用水量,L/s; $\qquad S$——燃烧面积,m²; $\qquad C$——水灭火供给强度,L/(s·m²)。 注:固体可燃物的灭火用水供给强度一般取值为 0.12~0.2L/(s·m²),建筑火灾荷载小于 50kg/m² 时,灭火用水供给强度一般取值为 0.12L/(s·m²),建筑火灾荷载大于 50kg/m² 时,灭火用水供给强度一般取值为 0.2L/(s·m²)
应用举例	Ⅲ级(一般级)的燃烧面积为 25m²,求全面着火燃烧时火场用水量: 若按水灭火供给强度取值 0.12L/(s·m²)计算, 火场用水量 $Q=C\times S=0.12\times 25\approx5[L/(s·m²)]$ 按每辆车供二支枪计算,着火区需使用供水车 2 辆 注:供水或供压缩空气泡沫灭火时,也可按每支水(泡沫)枪控制燃烧面积 50m² 估算

（7）重要消防设施和部位的维护管理

1）超细干粉灭火系统

根据现行行业标准《干粉灭火装置技术规程》CECS 322 中 6.0.4 条。月检应符合下列规定:

① 检查非贮压式灭火装置的封口膜外观,应无损伤。

② 检查贮压式灭火装置喷头、感温元件以及贮存灭火剂容器、压力指示器等相关组件外观,应无移位、损坏或腐蚀现象。

③ 检查贮压式灭火装置的灭火剂贮罐的充装压力情况,应符合标准规定。

④ 检查充装灭火剂的有效使用期限。

⑤ 清洁灭火装置及其相关组件的表面。

⑥ 检查电引发器引出线及连接电缆应无折断、破损等现象。

年检查除应检查月检规定的项目外,尚应符合下列规定:

① 检查防护区的开口情况、防护区的用途及可燃物的种类、数量、分布情况,应符合原设计要求。

② 检查灭火装置和支、吊架的安装固定情况,应无松动。

③ 检查贮压灭火装置上的喷头孔口,应无堵塞。

④ 联动控制系统应处于正常状态。

2）细水雾灭火系统

根据现行国家标准《细水雾灭火系统技术规范》GB 50898 中 6.0.7 条~6.0.10 条。每日应对系统的下列项目进行一次检查:

① 应检查控制阀等各种阀门的外观及启闭状态是否符合设计要求。

② 应检查系统的主备电源接通情况。

③ 寒冷和严寒地区,应检查设置储水设备的房间温度,房间温度不应低于 5℃。

④ 应检查报警控制器、水泵控制柜（盘）的控制面板及显示信号状态。

⑤ 应检查系统的标识和使用说明等标识是否正确、清晰、完整，并应处于正确位置。

每月应对系统的下列项目进行一次检查：

① 应检查系统组件的外观，应无碰撞变形及其他机械性损伤。

② 应检查分区控制阀动作是否正常。

③ 应检查阀门上的铅封或锁链是否完好、阀门是否处于正确位置。

④ 应检查储水箱和储水容器的水位及储气容器内的气体压力是否符合设计要求。

⑤ 对于闭式系统，应利用试水阀对动作信号反馈情况进行试验，观察其是否正常动作和显示。

⑥ 应检查喷头的外观及备用数量是否符合要求。

⑦ 应检查手动操作装置的保护罩、铅封等是否完整无损。

每季度应对系统的下列项目进行一次检查：

①应通过泄放试验阀对泵组系统进行一次放水试验，并应检查泵组启动、主备泵切换及报警联动功能是否正常。

②应检查瓶组系统的控制阀动作是否正常。

③应检查管道和支、吊架是否松动，以及管道连接件是否变形、老化或有裂纹等现象。

每年应对系统的下列项目进行一次检查：

①应定期测定一次系统水源的供水能力。

②应对系统组件、管道及管件进行一次全面检查，并应清洗储水箱、过滤器，同时应对控制阀后的管道进行吹扫。

③储水箱应每半年换水一次，储水容器内的水应按产品制造商的要求定期更换。

④应进行系统模拟联动功能试验，并应符合本规范第 5.0.9 条的规定。

3）水喷雾灭火系统

根据现行国家标准《水喷雾灭火系统技术规范》GB 50219 中 10.0.4 条～10.0.8 条。

每日应对系统的下列项目进行一次检查：

①应对水源控制阀、雨淋报警阀进行外观检查，阀门外观应完好，启闭状态应符合设计要求。

②寒冷季节，应检查消防储水设施是否有结冰现象，储水设施的任何部位均不得结冰。

每周应对消防水泵和备用动力进行一次启动试验。当消防水泵为自动控制启动时，应每周模拟自动控制的条件启动运转一次。

每月应对系统的下列项目进行一次检查：

①应检查电磁阀并进行启动试验，动作失常时应及时更换。

②应检查手动控制阀门的铅封、锁链，当有破坏或损坏时应及时修理更换。系统上所有手动控制阀门均应采用铅封或锁链固定在开启或规定的状态。

③应检查消防水池（罐）、消防水箱及消防气压给水设备，应确保消防储备水位及消防气压给水设备的气体压力符合设计要求。

④应检查保证消防用水不作他用的技术措施，发现故障应及时进行处理。

⑤应检查消防水泵接合器的接口及附件，应保证接口完好、无渗漏、门盖齐全。

⑥应检查喷头，当喷头上有异物时应及时清除。

每年应对系统的下列项目进行一次检查：

①应对消防储水设备进行检查，修补缺损和重新油漆。

②应对水源的供水能力进行一次测定。

4）灭火器

根据现行国家标准《建筑灭火器配置验收及检查规范》GB 50444 中 5.2.2 条，灭火器的配置、外观等应按本规范附录 C 的要求每半月进行一次检查。

5）机械送风和机械排烟系统

根据现行国家标准《建筑防烟排烟系统技术标准》GB 51251 中 9.0.3 条和 9.0.4 条。

每季度应对排烟风机进行一次功能检测启动试验及供电线路检查，检查方法应符合本标准中 7.2.3 条～7.2.5 条的规定。

每半年应对全部排烟防火阀、送风阀或送风口、排烟阀或排烟口进行自动和手动启动试验一次，检查方法应符合本标准中 7.2.1 条、7.2.2 条的规定。

每年应对全部防烟、排烟系统进行一次联动试验和性能检测，其联动功能和性能参数应符合原设计要求，检查方法应符合本标准中 7.3 节和 8.2.5 条～8.2.7 条的规定。

（8）管道事故的应急处理预案

1）监控系统或现场巡查中，发现（或接报）管道事故信息后，迅速通知就近巡逻人员前往查看。

2）前往现场巡逻人员应注意：进入管廊前，遵守有限空间作业规程，佩戴安全器具，到达现场应保持对讲机及手机等通信设备畅通。

3）到达现场关闭相应阀门，如阀门不能关闭，要及时将相关的水泵关停或关闭上一级阀门，以防造成更大的损失。对有可能受漏水影响的地方应做好防护措施，报告部门经理。

4）做好管廊排水工作，注意操作安全，保持真空泵开启状态，保证管廊无积水。

5）部门经理到现场查看，根据现场情况向项目经理报告停水的范围和抢修所需时间。通过书面通知或其他方式，通知停水（空调）区域业主原因及恢复时间，并告知客服中心做好解释工作。

6）维修主任应及时组织人员对漏水管网进行修复或更换，修复完成后恢复供水。

7）做好相关记录（值班记录、维修记录等），维修主任应在 24h 内将故障原因分析报告上报项目经理。

8）维修人员应加强对用电、共用部位、设施设备、供电设施设备的检查，避免超负荷。

9）管道恢复后，加强巡查，如发现燃气泄漏，迅速关闭相应燃气阀并进行处理。做好相关巡查记录，原因以书面形式告知项目经理。

参 考 文 献

[1] 汤卫华. 电缆廊道火灾特点及扑救对策 [J]. 消防技术与产品信息，2007，(05)：50-52.

[2] 金吉芬. 电缆隧道火灾成因及其防治 [J]. 山西建筑，2004，(17)：116-117.

[3] 郭晓辉，杨志刚. 电缆隧道火灾危害及其防范措施探讨 [J]. 科技传播，2011，(12)：24-25.

[4] 赵辉. 城市电力电缆隧道的防火和消防设计 [J]. 华北电力技术，2010，(06)：49-51＋54.

[5] 马玄. 电缆廊道火灾危险性分析及其工程评价研究 [D]. 廊坊：中国人民武装警察部队学院，2013.

[6] R. P. Kassawara. FirePRA Methodology for Nuclear Power Facilities（NUREG/CR-6850），Vol. 1：Summary and Overview [R]，Rockville，MD，USA：NuclearRegulatory Commission，September 2005.

[7] 尤明伟. 不同通风条件下典型电缆水平延燃特性试验研究 [D]. 廊坊：中国人民武装警察部队学院，2008.

[8] 中华人民共和国国家标准. 细水雾灭火系统技术规范 GB 50898-2013 [S]. 北京：中国计划出版社，2013.

[9] 刘承东，唐宏辉，李远森. 城市电力电缆隧道通风系统的传热学分析与应用 [J]. 城市建设理论研究：电子版，2012 (33)：1-3.

[10] 刘晓倩. 济南市城市地下管线综合管理研究 [D]. 济南：山东大学，2015.

[11] 张坤南，孙元慧，黄迪，刘琳琳. 综合管沟的设计与施工实践—以某高新区建设为例 [J]. 建筑工程技术与设计，2015 (30)：553 554，546.

[12] 王春江. 电线电缆手册第一册 [M]. 北京：机械工业出版社，2001.

[13] 李凤，覃文清，丁敏，等. 阻燃电线电缆及其性能试验方法探讨 [J]. 消防科学与技术，2003，(05)：391-393.

[14] 中华人民共和国行业标准. 电力电缆隧道设计规程 DL/T 5484-2013 [S]. 北京：中国电力出版社，2014.

[15] 中华人民共和国国家标准. 电力工程电缆设计标准 GB 50217-2018 [S]. 北京：中国计划出版社，2018.

[16] 中华人民共和国国家标准. 钢铁冶金企业设计防火标准 GB 50414-2018 [S]. 北京：中国计划出版社，2019.

[17] 中华人民共和国国家标准. 火灾自动报警系统设计规范 GB 50116-2013 [S]. 北京：中国计划出版社，2014.

[18] 中华人民共和国国家标准. 城市综合管廊工程技术规范 GB 50838-2015 [S]. 北京：中国计划出版社，2015.

[19] 袁建磊，等. 电缆隧道灭火系统设计探讨 [J]. 给水排水，2010，46 (08)：93-95.

[20] 李林林，肖国锋. 广州某长距离地下电力隧道通风设计 [J]. 建筑热能通风空调，2014，33 (03)：100-102.

[21] 吴立龙，孟隆. 电力隧道通风系统设计 [J]. 才智，2011，(07)：94-95.

[22] Dong-Ho Rie，Sung-Wook Yoon，Jae-Woong Ko，Keun-Oh Lee. Study on Disaster Prevention in Case of Fire at Subway Platform with Platform Screen Door [J]. International Journal of Safety，2005，4 (2)：36-42.

[23] 中华人民共和国国家标准. 电缆和光缆在火焰条件下的燃烧试验 GB/T18380-2022 [S]. 北京：中国标准出版社，2022.

[24] 卢林刚. 防火封堵类产品的发展浅论 [C]. 中国阻燃协会. 2006 全国阻燃学术年会论文集. 中国阻燃协会：中国兵工学会阻燃专业委员会，2006：232-233.

[25] 闫超. 国内外防火材料研究综述 [J]. 安防科技，2010，(05)：49-52.

[26] 中华人民共和国国家标准. 防火封堵材料 GB 23864-2023 [S]. 北京：中国标准出版社，2024.

[27] 陈栋梁，边福利. 热膨胀型电缆防火封堵材料研究 [J]. 消防技术与产品信息，2003，(03)：25-26.

[28] 边福利，陈栋梁，裴全胜，等. 无卤膨胀型防火密封胶的研究 [J]. 消防科学与技术，2004，(04)：379-381.

[29] 戚天游，冯军. 新型无机防火封堵材料的研制 [J]. 新型建筑材料，2005，(10)：28-29.

[30] 蒋金博，曾容，张冠琦. 建筑幕墙用防火硅酮密封胶 [J]. 中国建筑防水，2012，(08)：8-12.

[31] 杨佳庆. 有机防火封堵材料使用寿命研究 [J]. 消防科学与技术，2013，32 (07)：774-777.

[32] 卿婉丽. 新型有机防火堵料的研制 [J]. 消防技术与产品信息，2013，(03)：42-44.

[33] 袁炜，邰江，段佳巍，等. 硅橡胶防火封堵材料在核电领域的应用 [J]. 有机硅材料，2020，34 (01)：59-63.

[34] 中华人民共和国国家标准. 建筑设计防火规范 GB 50016-2014 [S]. 北京：中国计划出版社，2014.

[35] 中华人民共和国国家标准. 民用建筑电气设计标准 GB 51348-2019 [S]. 北京：中国建筑出版社，2008.

[36] 中华人民共和国行业标准. 建筑防火封堵应用技术规程 CECS 154-2003 [S]. 北京：中国标准出版社，2003.

[37] 李翔忠. 电力电缆防火技术综述 [J]. 电力技术，1987，(08)：58-61.

[38] 朱军强，曹文珠. 电缆防火材料的应用 [J]. 消防技术与产品信息，1994，(01)：21-22＋36.

［39］ 李引擎，张新立，许海云．通信电缆"竖井"与"水平井"的防火封堵技术［J］．消防技术与产品信息，1996，（05）：12-14.

［40］ 余建华，陈根，任建平．民用建筑防火封堵工程简介——强弱电井、配电房、管道井防火封堵［J］．中国高新技术企业，2008，（22）：259-260.

［41］ 周祥．常见防火封堵设计及工艺综述［J］．设备管理与维修，2018，（07）：65-66.

［42］ 刘念晶，陈艳军，徐爱东，等．热控防火封堵的设计及研究［J］．华电技术，2010，32（01）：18-21＋25＋80.

［43］ A. J. Lacey. Fire endurance tests of cable penetration firestops in masonry walls and floors［J］. IEEE Transactions on Power Apparatus and Systems，1979，PAS-98（4）：1321-1325.

［44］ V. J. Herter, R. E. Barry, T. A. Began. Ampacity test of a silicone foam firestop in a cable tray［J］. IEEE Transactions on Power Apparatus and Systems，1981，PAS-100（11）：4680-4685.

［45］ Soonil Nam*, Geary Yee. Evaluating firestops as a smoke seal［J］. Fire Technology，2012，48（2）：291-311.

［46］ 中华人民共和国国家标准．防火封堵材料 GB 23864-2023［S］．北京：中国标准出版社，2010.

［47］ BS EN1366-3, Fire resistance tests for service installation［S］. 2009.

［48］ 高晓明．UL 及其认证制度［J］．标准化报道，1994，（01）：60-61.

［49］ EV S S. EUREKA-Project EU 499 Firetun；Fires in transport tunnels；Report on full-scale tests［J］. Verlag und Vertriebsgesellschaft，Düsseldorf，1995.

［50］ 刘衍，吴建星．电缆隧道火灾有效灭火技术试验研究［J］．中国安全科学学报，2008，（09）：88-92.

［51］ 吴春荣，黄鑫，李海峰．细水雾灭火系统在电缆隧道中的应用研究［J］．消防科学与技术，2008，（09）：662-665.

［52］ 李琦．悬挂式贮压超细干粉灭火系统在电缆管沟中的应用优化研究［D］．北京：首都经贸大学，2014.

［53］ 张腾，徐幼平，周彪．水雾作用下的电缆隧道火灾的数值模拟研究［J］．重庆科技学院学报（自然科学版），2008，（05）：135-138.

［54］ 黄鹏．基于性能化的细水雾灭火系统设计、施工安装在电缆隧道中的应用研究［D］．上海：同济大学，2008.

［55］ 陶雪峰．纵向风对受限空间内喷淋系统灭火效果的影响研究［D］．合肥：安徽理工大学，2017.

［56］ 宣章伟．细水雾作用下狭长空间火灾烟气特性参数变化研究［D］．合肥：安徽理工大学，2017.

［57］ 臧桂丛．电缆隧道（夹层）的灭火系统比较与选择［J］．消防技术与产品信息，2007，（03）：33-35.

［58］ KILE G W, GONZALEZ J A. The Memorial tunnel fire ventilation test program：the longitudinal and natural tests［J］. ASHRAE Transactions-American Society of Heating Refrigerating Airconditioning Engin，1997，103（2）：701-13.

［59］ 王楠．火灾自动报警及消防联动控制设计探讨［J］．科技传播，2016，8（08）：146-147.

［60］ 杜力强，柴涛．超细干粉灭火技术探讨［J］．机械管理开发，2008，（03）：93-95.

［61］ 嵇涛，付敏，刘静琪．细水雾灭火系统应用发展研究［J］．消防技术与产品信息，2011，（08）：28-30.

［62］ 吴晓敏．城市地下交通隧道中电缆廊道火灾研究现状及方法［J］．消防技术与产品信息，2016，（08）：34-36.

［63］ Matala A, Hostikka S. Probabilistic simulation of cable performance and water based protection in cable tunnel fires［J］. Nuclear Engineering and Design，2011，241（12）：5263-5274.

［64］ Jenft A, Collin A, Boulet P, et al. Experimental and numerical study of pool fire suppression using water mist［J］. Fire Safety Journal，2014.

［65］ Wang Z, Wang W, Wang Q. Optimization of water mist droplet size by using CFD modeling for fire suppressions［J］. Journal of Loss Prevention in the Process Industries，2016，44626－632.

［66］ 李修柏，胡晓文，等．某城市电缆隧道的消防设计分析［J］．消防科学与技术，2001，（03）：29-30＋1-0.

［67］ 朱伟．狭长空间纵向通风条件下细水雾抑制火灾的模拟研究［D］．安徽：中国科学技术大学，2006.

［68］ 张培红，许文斌，曹宇．通风与细水雾耦合灭火机理试验研究［J］．消防科学与技术，2017，36（07）：959-962.

［69］ 陈武生．地下城市综合管廊抗火构造与消防设计研究［J］．江西建材，2016，（08）：44-45.

［70］ 梁强，李炎锋，李俊梅．狭长通道内细水雾型水幕阻烟性能试验研究［J］．哈尔滨工程大学学报，2017，38（11）：1751-1756.

［71］ 刘江虹，廖光煊，范维澄，等．细水雾灭火技术及其应用［J］．火灾科学，2001，（01）：34-38.

［72］　肖修昆. 基于蒸汽辅助雾化的气动式细水雾发生方法及灭火有效性模拟试验研究［D］. 合肥：中国科学技术大学，2011.

［73］　J. R. Mawhinney，P. Eng. criteria for water mist fire suppression system. Water mist fire suppression workshop，Marchl-2，1993，PP37-75.

［74］　陆春义. 细水雾喷射系统及灭火机理研究［D］. 南京：南京理工大学，2004.

［75］　Drysdale D. An Introduction to Fire Dynamics，Third Edition［M］. 2011.

［76］　唐建军. 细水雾抑制瓦斯爆炸试验与数值模拟研究［D］. 西安：西安科技大学，2009.